高CP值
110道

人氣百元

快速、好吃、便宜，3分鐘熱炒上桌

平價快炒

三位名師大廚的
美味祕技

6…100g蔬菜Catalog　　8…基礎計量

PART1 熱炒上菜技法攻略

10　百元熱炒常用調味料

料理基本功

12　認識火候

12　判斷油溫

13　前置烹調

14　學會刀工

16　食材處理

餐廳快炒的烹調祕訣

19　炒的技巧

20　烤的技巧

21　炸的技巧

22　蒸煮的技巧

23　熬鍋高湯

24　快學！熱炒店常用的
　　三種盤飾

PART2
冰箱常備快炒醬汁

26　快速方便的基礎醬汁

基礎醬汁1：蠔油汁

27　蠔油鮮蚵

28　家常巧變化：黑椒牛柳

基礎醬汁2：沙茶汁

30　沙茶羊肉煲

31　家常巧變化：咖哩沙茶炒羊肉

基礎醬汁3：糖醋汁

32　糖醋花枝

34　家常巧變化：糖醋話梅苦瓜

基礎醬汁4：蒜蓉汁

35　蒜泥鮮蟹

36　家常巧變化：蒜泥鮮蝦

基礎醬汁5：紅燒汁

38　紅燒蹄筋

40　家常巧變化：豆豉蚵

基礎醬汁6：酸甜汁

41　蜜汁花枝丸

42　家常巧變化：酸甜雞翅

PART3 快炒肉料理

56 三杯米血大腸	72 南煎豬肝	86 雪菜牛柳
58 客家鹹豬肉	74 蒜泥白肉	88 空心菜炒牛肉
59 泡菜回鍋肉	75 薑絲大腸	89 蔥爆羊肉
60 青蒜回鍋肉	76 麻油腰花	90 烤羊小排
62 泰式打拋肉	78 芹菜炒豬肚	92 南乳雞翅
64 桂花蜜子排	80 客家炒牛肉	94 椒麻雞
65 脆皮肥腸	81 京燒牛肉	96 蔥油鵝腸
66 茄腸煲	82 蘆筍炒牛肉	98 鹹菜鴨腸
68 四季肥腸	84 酸白菜炒牛肉	
70 五更腸旺	85 翠香牛肉	

基礎醬汁7：三杯汁

44 三杯苦瓜大腸

46 家常巧變化：三杯芋頭蕃薯

基礎醬汁8：麻辣汁

47 麻辣花枝

48 家常巧變化：麻辣蹄筋

基礎醬汁9：辣醬汁

50 水煮牛肉

51 家常巧變化：辣炒蜂巢肚

基礎醬汁10：宮保汁

52 宮保皮蛋臭豆腐

54 家常巧變化：宮保黑豆干

PART4 快炒海鮮料理

100	五味炸花枝	130	豆瓣鮮魚
102	五味小章魚	132	紅燒魚下巴
103	椒鹽小管	134	避風塘鮮魚
104	生炒花枝	136	丁香花生
106	辣炒魷魚	137	鹹酥蝦
108	鹹酥中卷	138	泡菜蝦球
110	香辣中卷	140	宮保蝦仁
111	鹹蜆仔	142	清蒸活蝦
112	炸蚵仔酥	143	鮮蝦粉絲煲
113	蒜泥鮮蚵	144	紅燒筋參
114	油條鮮蚵	146	XO醬炒蟹肉
116	蚵仔炒蛋	148	芙蓉炒蟹
117	炒螺肉	150	蟹黃豆腐煲
118	塔香海瓜子	152	咖哩海鮮煲
119	絲瓜蛤蜊	154	炒蟹腳
120	蒜燒魚丁		
122	炸喜相逢		
123	鹽烤秋刀		
124	烤味噌魚		
126	蔭豉魚肚		
128	樹子蒸魚		
129	糖醋魚塊		

PART5
快炒蔬菜蛋豆腐

156　椒麻皮蛋

158　鹹蛋苦瓜

160　炒劍筍

161　味噌炒鮮筍

162　竹筍炒蛋酥

164　鹹蛋茭白筍

165　酥炸豆腐

166　紅燒豆腐

168　培根燒蛋豆腐

170　小魚臭豆腐

171　酥炸香菇

172　金沙鮮菇

174　鹽酥杏鮑菇

PART6 快炒麵飯湯

176　牛肉炒麵

　　　延伸變化：什錦炒麵

178　蝦仁菜脯炒飯

　　　延伸變化：火腿蛋炒飯

180　金瓜米粉

　　　延伸變化：肉絲炒米粉

182　八寶辣年糕

184　麻油蛤仔麵線

185　蛤蜊鮮湯

190　味噌魚湯

186　鹹菜肚片湯

188　海菜鮮蚵湯

191　杏菜鮘魚湯

192…作者簡介

蔬菜100g Catalog

你在看食譜的時候是不是常常很困擾，到底材料所寫的30公克紅蘿蔔是多少量呢？
沒有磅秤的話到底要怎麼準備呢？這裡特別收錄了常用的蔬菜種類，讓你可以輕鬆
目測100公克蔬菜的份量。

高麗菜
中 1/10 個

大白菜
中 1/10 個

美生菜
中 1/8 個

奶油萵苣
中 1 個

菠菜
2 小束

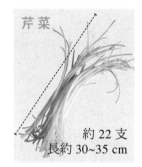
芹菜
約 22 支
長約 30~35 cm

空心菜
1 小把
長約 30~35 cm

杏菜
約 15 支
長約 35~40 cm

花椰菜
1 大朵
約 12 cm

蘆筍
中 6 支

甜豆
34 支
長約 7 cm

四季豆
中 15 支

豌豆嬰
2/3 盒
透明塑膠方盒裝

黃豆芽
1/3 盒
透明塑膠方盒裝

紅甜椒
中 3/4 個

青椒
中 1/2 個

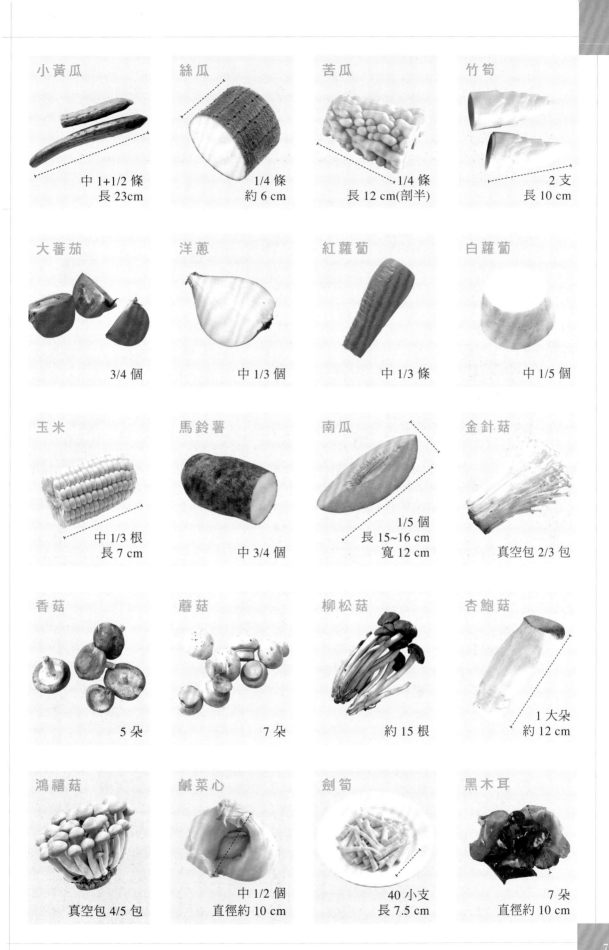

小黃瓜
中 1+1/2 條
長 23cm

絲瓜
1/4 條
約 6 cm

苦瓜
1/4 條
長 12 cm(剖半)

竹筍
2 支
長 10 cm

大蕃茄
3/4 個

洋蔥
中 1/3 個

紅蘿蔔
中 1/3 條

白蘿蔔
中 1/5 個

玉米
中 1/3 根
長 7 cm

馬鈴薯
中 3/4 個

南瓜
1/5 個
長 15~16 cm
寬 12 cm

金針菇
真空包 2/3 包

香菇
5 朵

蘑菇
7 朵

柳松菇
約 15 根

杏鮑菇
1 大朵
約 12 cm

鴻禧菇
真空包 4/5 包

鹹菜心
中 1/2 個
直徑約 10 cm

劍筍
40 小支
長 7.5 cm

黑木耳
7 朵
直徑約 10 cm

基礎計量

取決風味的基礎調味料，如鹽、砂糖、醬油等，該如何測出它們的份量，做出食譜所示的最佳味道呢？雖然各人口味不同可做濃淡的調整，但適量與少許的分別，也會影響菜餚的美味，以下就來學習如何測量。

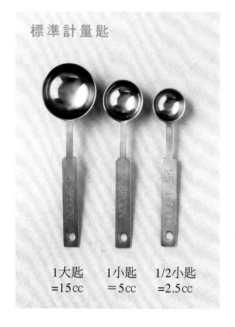

標準計量匙

1大匙 =15cc　　1小匙 =5cc　　1/2小匙 =2.5cc

粉狀的量取

像砂糖、鹽、麵粉、太白粉等顆粒或粉末狀調味料的標準量取。先將1匙舀滿，再以刮刀(或鐵湯匙柄或是筷子)沿著湯匙邊緣刮平，保持平匙狀態才是正確。

1/2匙的量取

取1匙的量匙裝滿後，用刮刀刮平表面，再以刮刀劃分一半，挖除一半份量。

液體的量取

用量匙量取液體調味料，須沿著湯匙邊緣慢慢倒入至滿，以表面張力為頂點才是1匙；1/2匙則大約是目測裝至1匙的2/3高度。

計量杯

左為電鍋量杯(1杯=200cc)、右為刻度量杯。測量需要量較多的液體、固體，如：油、高湯、麵粉…等，必須將量杯置於平坦處，將所需要的量倒入後，以側面水平角度平視刻度線，計量才會準確。

適量

將鹽放在食指和中指前端，約大姆指頂住第二指節的位置，此狀態為1/5小匙的份量。

少許

將鹽放在食指前端，約大姆指頂住第一指節的位置，此狀態份量為1/8小匙。

奶油的量取

奶油融化後1大匙(15cc)約是固體12公克的份量(寬3×5.2cm，厚0.6cm)。市售1磅(約454公克)可分30塊。

電子秤

放上材料前或是盛裝材料的容器後，指數必須「歸0」才可計量。

一碗白飯

熱炒店內的1碗白飯大約是250公克重，如果是大碗，約是多添加1/3的量。

熱炒上菜
技法攻略

熱炒店是最親民、CP值又高的用餐選擇，
你想過自家廚房也能變出街邊的人氣熱炒美味嗎？
本書就是要教你不必捨近求遠，
只要備妥材料、打開食譜，記住師傅的叮嚀，
熱騰騰又下飯的熱炒料理就在你家！

百元熱炒常用調味料

基礎調味料

醬油 為快炒很常用到的調味料之一，是鹹度、色澤的主要來源，挑選上建議以玻璃瓶裝，純手工釀造的醬油為佳。手工醬油味道甘潤，不會過於死鹹，開封後記得放冰箱保存。

醬油膏 比一般醬油濃稠，是因它在殺菌前加入含澱粉質的糯米，因此較有濃厚感，建議可用「雙美人特製油膏」，古早味的老牌子，味道甘醇微甜而不死鹹，是流傳的經典調味料。

蠔油 是牡蠣蒸煮後的汁液進行濃縮，再加入糖、鹽、澱粉等原料，輔以其他配料製成的調味品，帶有海鮮味，可增加鮮味。建議可選用「李錦記」的蠔油，有不同等級，可依個人預算選購。

糖 可調和鹹度，讓菜色更順口，分成細冰糖、細砂糖和二砂糖。其中二砂糖加熱後會帶有焦糖香味，像本書第62頁的泰式打拋肉就是使用二砂糖。

酒 多半使用米酒和紹興酒，兩者都具有提香的效果。紹興酒的香氣較濃，快炒常會用紹興酒代替米酒，特別是煲類起鍋前嗆酒，可增添香氣。本書第44頁三杯苦瓜大腸、第143頁的鮮蝦粉絲煲就可以改用紹興酒。

白醋 是由米或是糯米釀造而成，酸味比烏醋來得重，用在增加酸味、豐富菜餚層次，或用來製作爽口不油膩的菜餚。

烏醋 是以白醋為基底，再加上辛香料、蔬菜、鹽和糖製成的調和醋，多用在羹類或勾芡料理起鍋前淋上，可增加風味。

蕃茄醬 是由新鮮蕃茄、醋、糖和少許的鹽所調製的，味道微酸略帶甜鹹，不管是搭配肉類或是海鮮都很適合。國產的可果美口味較重，偏鹹和甜；外國製品則較酸，製作中式料理建議還是選用國產品比較對味。

黑麻油 是採用黑芝麻或胡麻壓製提煉而成，故也稱胡麻油，製造方法及芝麻的品種會直接影響做出來的香味，其中以冷壓榨油最能保留自然的風味，但較花時間，相對的價格也較高。麻油多半用在三杯及麻油料理。

香油 以白芝麻為原料提煉製作的食用油，也稱為白麻油，起鍋前添加可提升香氣。第35頁的蒜泥鮮蟹就是用香油炒來增香。

胡椒粉 是乾胡椒碾壓製成的，主成分是胡椒鹼，能幫助消化、去腥、解油膩、增進食慾。常用於醃漬、拌炒或起鍋前，具微辣微麻的胡椒味，能使料理聞起來更誘人。

雞粉 提取了鮮雞精華，是以雞肉粉、雞油組合而成，可用於拌炒，具有提鮮的效果。

醬油　醬油膏　蠔油　糖　酒　白醋　烏醋　番茄醬　黑麻油　香油　胡椒粉　雞粉

麻辣醬 麻辣醬是因應台灣人愛吃麻辣鍋所做出來的濃縮湯底,現在愈來愈多家廠牌加入研發製作,除了用在麻辣鍋湯底外,還可以做醬、沾醬、入菜、拌麵,用途廣泛。

紅麴腐乳醬
在江浙閩一帶稱為南乳,是由豆腐加上紅麴、鹽、辛香料,經過曬、蒸、醃、發酵等手續製成的麴釀。帶獨特的香氣,入菜能夠使菜餚增加鮮味及色澤,賣相更吸引人。

辣豆瓣醬 主要是用辣椒、黃豆、多種調味料調製而成,因鹹和辣可壓抑腥味,適合海鮮類或羊肉等有腥味的食材,必須炒過才可引出香氣。

XO醬 是粵式料理的高級自製醬,使用干貝、火腿、乾蝦、扁魚等高級食材,再加上蒜頭、乾蔥、朝天椒、糖、鹽與花生油調製而成。具有非常好的提鮮功能,炒海鮮和青菜都很搭。

小蘇打粉 外觀呈現白色粉末狀,屬於鹼性,用途很廣,在中菜上的運用是和肉類醃漬,一點點就可使肉質變軟嫩。

桂花醬 用桂花、糖和鹽釀製而成,通常會製成無味或甜味,常用在各式的點心中增香,現也常加入菜增香,第64頁的桂花蜜子排即是一例。可在南北材料行或大型超市買到。

黃豆醬 是採用黃豆麴、米、糖、鹽、酒等材料自然發酵而成,帶有鹹甘味道,很適合用在炒菜或是清蒸上,第78頁芹菜炒豬肚、第80頁客家炒牛肉及第114頁油條鮮蚵就有用到。

魚露 南洋料理中必備的調味料,有分魚露和泰式魚露,都是由新鮮的小魚加鹽,經過發酵、蒸餾製成的魚汁,帶有濃厚的腥味。但若和酸味一起使用,不但腥味會消失,還會出現特有的鮮甜味。還可與大蒜、辣椒搭配使用,以去除特殊腥味。

味醂 又稱米霖,是以甜糯米加上麴、糖釀造而成,源自於日本,現國內也有生產,是一種類似米酒的調味料,有酒香及甜味,其中酒味能去腥,甜味則可以代替糖,並引出食材的原味。

花椒粉 具有強烈獨特香味,香味持久、味麻,第49頁的「麻辣汁」的麻就是靠花椒粉調出的。花椒也有乾燥顆粒狀的,但磨成粉狀的香氣會更容易發揮。一般在南北雜貨行或是大賣場都可買到。

辣椒粉 辣椒乾燥後研磨成粉製成,有粗和細之分。細的辣椒粉比較適合入菜,增添辣味;粗的則較少用在料理上,多半拿來製成辣椒油。

七味粉 又稱為七味唐辛子,各家風味略異,大多是由紅辣椒粉、山椒粉、青紫蘇、陳皮、黑芝麻、罌粟子…等混合製成,不是很辣,香氣十足,是日本料理中重要調味料,常在日式風味的菜色中使用。

吉士粉 是香港的稱法,台灣習慣叫做卡士達粉,是一種預拌粉,只要加入少量的水或是牛奶,即可成為濃稠的「吉士」。粉原來是白色的,但碰到液體就會變成黃色,用在裹粉中可以增色增香。

麻辣醬

紅麴腐乳醬

辣豆瓣醬

XO醬

魚露

桂花醬

黃豆醬

味醂

吉士粉

花椒粉

辣椒粉

七味粉

料理基本功

中菜料理包羅萬象，看似簡單卻蘊含各種菜系的特色及烹調竅門：蒜泥白肉的肉片該切多厚才容易入味；汆燙時該滾水下鍋還是冷水下鍋、要用大火還小火；雞翅如何炸得外皮金黃酥脆、內裡柔嫩多汁……別擔心！學會下面的料理基本功，保證你在廚房得心應手、好菜上桌。

認識火候

菜餚為了達到色、香、味俱全，或是為達成軟、硬或酥、脆等口感，以及材料性質不同或體積有厚、薄、大、小之分，所以，在烹煮的過程中，必須使用不同的加熱時間及火力來料理食材，這便是「掌握火候」。

★ 大火

　　火焰高，延伸於鍋子外面，亮度、熱氣強，常用於快速烹調的料理，如：炒、溜、炸…等，以保持材料的鮮嫩口感。大火的短時間加熱，能使軟而小的材料不會成黏糊狀，而油炸時使用大火，能讓高溫的油在食物表面形成乾燥凝固作用，進而迅速收縮，產生一層薄膜，可防止水分洩出，並能逼出油分，吃起來外脆內軟。使用蒸籠時，因為材料不須翻動，加上蒸籠的蓋子蓋住，大火加熱後使得籠內的溫度變得很高，水蒸氣充滿其中，食材的水分便不易蒸發，養分不易流失，且同樣具有柔軟口感。

★ 中火

　　火焰稍微延伸至鍋子外面，光微亮、熱氣大，一般用於煮、燒。需特別注意使用中火或小火將蔬菜放入水中加熱時，必須於水滾後才放入，這樣可減少維生素C的流失。使用家用蒸籠蒸精細材料時，以中火或小火較為適宜。

★ 小火

　　火焰沒有延伸出鍋子外面，光暗、火焰小、熱氣微大，通常用於耗時較久的烹調方式，如：煎、貼，可使材料柔軟而具有風味。亦可使用小火或弱火調理硬而大的食材，如大塊的肉，透過長時間加熱，分解組織，肉質較易變軟。

★ 弱火(文火)

　　火焰更小，適用於長時間的燉煮，如：燉、燜、煨；可煮至食物看起來快要溶化的樣子，也能保持食物的香氣及口味。

判斷油溫

炸食物時，油溫要幾度才能炸得又香嫩、又酥脆，其實油溫的判斷就是標準的依據。一般都用低油溫過油；中油溫炸香菇、蚵仔和魚類；高油溫炸豆腐和上漿的食材。至於什麼樣的食材要用多高的油溫，在食譜中皆會清楚標示。
測試炸油溫度，可取一支竹筷插入油中，觀察筷子周邊冒泡情形：

★ 低油溫

若是筷子的周邊緩緩的冒出小氣泡，即為低油溫(120～140℃)。

★ 中油溫

若是筷子的周邊不斷的冒出中氣泡，即為中油溫(140～160℃)。

★ 高油溫

若筷子周邊迅速的冒出大量大氣泡，則為高油溫(160～180℃)。

前置烹調

★ 過油

「過油」是烹調時，將食材在「熱油」中短時間稍稍的「炸」一下，讓食材表面迅速變熟，形成保護膜，以避免後續烹調失去內部水分(如鎖住肉汁)並保持美味。此方式經常使用在快炒、燴類的料理。油必須高過食材的高度，通常入鍋停留一段時間，達到所需熟度便立即撈起。另外還有熱鍋冷油，即是「拉油」，是將鍋燒熱，再放入油，以溫油方式過油，讓肉質較嫩、不易沾鍋。

肉類、海鮮過油可保持嫩度、使材料定型，蔬菜類則可降低蔬菜氧化變色、保持色澤鮮亮。食材過油時起鍋速度要快，否則口感會過老，蔬菜約只需15～30秒、海鮮肉類則不超過1分鐘(過油溫度請參考書中食譜所標示)。材料如肉片、肉絲要過油前，先加一些冷的沙拉油拌開(入鍋時就與炸油溶入，所以不用擔心太油膩)，可使其入油鍋時易散開滑入，不易沾黏成團，炒時再用大火逼出油，肉質較滑嫩。過油時要用筷子輕撥動，這樣才不會黏在一起而能平均受熱，魚片材料也才不會破碎。

一般過油方式：

沾裹粉：材料沾粉、裹粉時表面會被包覆，過油時可保持柔軟及甘味。

不沾裹粉：此過油方式使用頻繁，豆腐、豆乾、蔬菜如茄子、絲瓜多屬於此類。

★ 汆燙 (ㄔㄨ ㄊㄤˋ / ㄕㄨㄟˇ)

汆燙又稱「焯水、水鍋」，是烹調的前處理方式之一，作法是將材料放入滾水中，短時間加熱成半生不熟的狀態，有縮短後續烹調時間、保色等作用。汆燙的時間因材料性質而有所不同。需要長時間烹調的食材先汆燙過，再與只須短時間加熱的材料一起料理，才會煮得恰到好處。另外，材料顏色濃與淡要分別汆燙；有特殊味道的也要分開汆燙。

一般汆燙的材料及其作用：

蔬菜：汆燙能使蔬菜顏色較為鮮明，並去除部分苦味、澀味，如菠菜等綠葉或體積小的蔬菜，在水滾後放入汆燙可使色澤翠綠、口感軟；竹筍、蘿蔔因為體積大需要長時間加熱，須與冷水同時入鍋煮滾，才不會外熱內不熟，這樣還可除去澀味。若要將葉菜類蔬菜放入滾水中汆燙，必須先把莖或梗等較粗不易熟的地方放入水中，約煮30秒後，再放入其他部分，才能讓蔬菜莖或梗部熟透，葉子部分不會因久煮而變色。

肉類：禽類和畜類中，腥味淡、血少的放入滾水中汆燙，可去除血水及腥味，也能將附著於上面的油脂、污穢分離。汆燙後，用筷子戳入測試熟度，再以開水沖洗表面。而腥味重、血污較多的肉，如：羊肉、豬腸、豬肚等，須與冷水同時入鍋加熱，期間需翻動數次，使受熱均勻，水煮滾即取出；切勿等到水滾後才放入，會使肉的表層因迅速收縮反而不易排出血水及去除腥味。

學會刀工

一道令人讚不絕口的佳餚，除了味道好，整齊或具變化的刀工亦不可少；無論切片、切絲或切丁，在整道菜餚中，適當的大小、厚薄或是依照食材本身特性、用途而切的方式，皆能增加作菜的便利與視覺的一致性。有些食材切錯方式便會流失養分；有的菜色更是有特定的刀工，如蒜泥白肉的豬肉本應切片，如果改切塊狀，就好像換了一道菜似的，而且沾醬也不易勻稱；所以拿捏好基本刀工可使料理再加分。

辛香料基本刀工

快炒必須先爆香辛香料，再其他食材入鍋中拌炒，下列以本書辛香料使用的刀工技法為例。

青蔥 → 可切段、切花、切末、切絲

蔥段	蔥花	蔥末	蔥絲
將蔥的頭部切除，再切成約2～3cm的長段。	將蔥的頭部切除，再切成0.5～1cm的粒狀。	將蔥的頭部切除，再切成粗末，大小約0.3～0.5cm。	將蔥的頭部切除，先切成4cm段，再順著纖維縱切成蔥片，蔥片續切成細絲狀。

大蒜 → 可切片、切末

蒜片
大蒜由頭部硬處向尾端除去外膜，洗淨後切成薄片狀。

蒜末
整粒大蒜以刀身輕輕拍扁，除去外膜，再剁碎成末。

香菜 → 可切段

香菜段
香菜切除蒂頭，切1cm小段。

香菜梗段
摘下葉子，留梗，切除根部，切2cm長段。

紅辣椒 → 可切片、切花、切段、切絲、切末

辣椒片

紅辣椒切除蒂頭,再斜切成斜長圓片或直切成小圓片。

辣椒花

紅辣椒切除蒂頭,切成0.3cm的小圓片。

辣椒絲

紅辣椒切除蒂頭,再縱切成半,以刀背去籽,堆疊在一起切絲狀。

辣椒末

紅辣椒先依左述方法切成絲狀,再堆疊在一起切末。

辣椒段

紅辣椒切除蒂頭,剖半後將籽去除(或不去籽),切成4cm長段。

薑 → 可切片、切絲、切末、切花片

薑片

先切除四邊外皮,再去除頭尾,切成薄片狀。

薑絲

將薑片堆疊在一起,順著纖維切成細絲狀。一般大都切長約3cm、寬約0.3cm,適用於炒、涼拌、盤飾。

薑末

將薑絲堆疊在一起,再切成末狀。

切花片

為熱炒店常用切法。先將薑切除四邊外皮①,再去除頭尾②成為長方塊,在中間1/2處劃一刀③,再以45度角切一刀④,反過來45度角再切一刀⑤,隔2cm處再重複前面作法一次⑥,反面亦同,最後切成片狀⑦即可。

食 材 處 理

各樣食材選購回後,須先做些前處理流程,這樣當要使用時就不用手忙腳亂,或費時處理,可增加煮時便利性,也可縮短烹調時間。以下就依食材類別區分說明如下:

肉 類 處 理

購買時,可針對所要烹調的料理,選擇適當部位。買回家的肉品要盡快冷藏,若不打算在2天內吃完就需冷凍,較大塊的肉品可先分切處理,再分裝入密封袋中冷凍保存,以免反覆解凍造成營養流失及細菌滋生,等食用前1天再取1小包移至冷藏室中解凍,處理後再依照需求做汆燙,或過油處理。

新鮮大腸處理

新鮮大腸的處理較麻煩費工,傳統市場也有賣燙過的熟大腸,買回後再汆燙1次即可。

須先切除大腸頭,用清水沖淨,利用長筷輔助將內面翻出來,洗掉污穢雜物。	再用麵粉將內外抹遍,搓揉至摸起來無黏膜和油膩感,即可以清水沖淨;若有呈現黃色的部分必須切除,避免味道受影響。	將大腸放入鍋中,加入適量清水(也可加入蔥、薑、米酒)煮45分鐘至1小時,即可取出備用。	使用前再汆燙1次,須燙至用筷子可刺穿狀態才能切段,若有填入其他食材一起炸煮的話就先不切段。

海 鮮 處 理

貝類吐沙

帶殼貝類(蛤蜊、海瓜子等)洗淨後要放入稍大碗內,加水蓋過,再加少許鹽與白醋使其吐沙,挑除未開殼的,其餘置於陰暗處繼續吐沙,可使烹煮後的貝類吃起來較新鮮。蜊仔表面黏液則可加麵粉或鹽來抓洗,並用清水反覆沖淨。

貝類易熟且熟後容易出水,導致體積縮小,肉質較乾,為了避免這種狀況,可以先將貝類略汆燙,讓外表略縮,但內部水分不流失。如將海瓜子汆燙至殼一開(約一半量)即撈起,因已具有熟度,之後調理時就不須花費太多時間,能讓體積不會縮小太多,保有多汁鮮嫩的口感,又可減少腥味。而且若先前吐沙吐得不夠乾淨,也可以使殘留的沙留在汆燙的水裡。蜊仔則可用滾水汆燙30秒,去除黏膜雜質後撈出再做後續烹調。

Point!

★ 蛤蜊四種快速吐沙法
①鹹死牠:加鹽使其開口,此法當天要吃完。②嚇死牠:加鐵鏽(可用生鏽的刀)使其開口。③熱死牠:加溫水泡30～40分鐘使其開口。④辣死牠:加切片辣椒使其開口。

★ 蛤蜊持久保存法
用塑膠袋口旋轉綁到非常緊,模擬土中壓力環境,即可冷藏保存3～4天(不用加水)。

整 條 魚

傳統市場或超市買回的魚,皆已去鰓、刮鱗、除去腸泥和
內臟,所以只要檢查魚鱗是否去乾淨即可。

 使用前先用清水
洗淨,去血水,
用廚房紙巾擦乾
(此時可視烹調
法而定,抹少許
的鹽)。

 在較厚的魚背
上劃兩刀,較
易烤炸熟或蒸
煮熟。

 再淋上米
酒去腥即
可。

剝 蝦 仁

自己處理的蝦仁,會比冷凍蝦仁的營養價值高。使用前用
鹽巴抓過,洗淨後擦乾水分,蝦肉會較有彈性。

 洗淨後用廚房剪
刀剪除頭部上方
的尖刺、蝦鬚和
蝦眼。

 抓住蝦身,剪除
腹部下方蝦腳。

 用牙籤插入蝦背中挑除腸泥,剝除
蝦殼,再洗一次即完成(也可用刀
剖背再洗去腸泥)。

 可再用刀將蝦仁
剖背,烹調後即
是蝦球。

中 卷 切 梳 形 片

中卷(透抽)買回後通常都會切出花紋後再切小片,全部切好後再放入滾水中汆
燙,中卷會捲縮並產生花紋,這時候已經七分熟了,撈起瀝乾水分後,可再繼
續烹煮或是放入冰箱冷凍保存。選購時須注意,不新鮮的中卷表皮薄膜不易去
除。沾炸粉時須讓中卷分開散放入油鍋中炸,才會成色均勻且不易黏成團。

  用兩手分別抓住頭及身體,將頭部
拉起,通常墨囊和中骨就會跟著被
拉出來,若沒有則用手拉出中骨。

 頭部左右各劃一
刀,取出眼睛。

 從尾端往頭部將
表皮薄膜拉除。

 兩面都清除乾淨,用刀
對切一半後,就會變成
兩大片,然後在內面切
直紋,但不要切斷。

 切好後再轉橫向切垂直斜
紋,但以一刀斷一刀不斷
的方式切成梳形片。

魷魚切梳形片

傳統市場或超市買回的魷魚通常已泡水脹大，可以洗淨後直接使用。

用兩手分別抓住頭及身體，將頭部後拉，通常中骨就會跟著被拉出來，再從頭部往尾端，將表皮薄膜拉除。

兩面都清除乾淨，再用刀對切一半後，就會變成兩大片，然後在內面切直紋，但不要切斷。

切好後再轉橫向切垂直斜紋，但以一刀斷一刀不斷的方式切成梳形片。

花枝切梳形片

花枝的肉質飽滿，所以在料理時較難入味，一般都會切梳形片後再行料理。

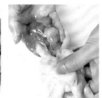

花枝拉出頭部，拉除內臟。

頭部左右各劃一刀，取下眼睛。

再從身體中間劃一刀，拔除中骨。

左右各劃一刀取出內臟。

拔去外皮後，再按上述魷魚的步驟切梳形片。

花蟹

花蟹處理時要小心牠的鉗子夾人，可以用白酒泡一下花蟹讓牠醉暈或是用刀背敲暈牠。

用手剝開腹臍。

再翻過來掀開蓋子。

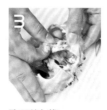

取下沙袋。

用剪刀剪下兩側的鰓及爪。

再換刀切下兩側腳即可。

餐廳快炒的烹調祕訣

熱炒簡單、容易上手，但是要在家做出餐廳水準有可能嗎？不論是炒、炸、烤、蒸、煮等烹調方法，我們請來了專業師傅傳授你必備知識。現在，不用出門學習，就能從經驗豐富的師傅身上，吸取這些寶貴的智能，使你快速「上手」，輕輕鬆鬆做出和餐廳同等美味的佳餚！

炒的技巧

快炒就在於快速完成的時效性下，熱燙地盛入盤中，被鑊氣熱油包裹的食材，一口咬下那鮮、香，最讓人感到滿足了。下面就是快炒時要充分掌握的美味訣竅。

祕訣1 食材處理成一樣大小

炒是要在短時間內讓材料都能全部炒熟，所以需要將材料切成相同的大小、厚薄或形狀，這樣熟度才會均勻也容易拌炒，成品也較美觀。

祕訣2 醃料加入的順序

醃漬時會用到很多種的調味料，到底哪一個先加呢？加入的原則：液體→固體→油脂。這樣的放法，粉類會比較好附著在食材上，而且粉類也不會沾黏成一團。

按照這原則，需加入多種調味料時，要先挑液體類，例如：醬油、水、蛋液等放入拌勻，再放固體類，如雞粉、太白粉等再次拌勻。此外，醃肉時最好用手，比較能抓拌均勻及入味。

醃肉時加太白粉可以讓口感滑嫩，但也容易在快炒時沾黏結團，可在入鍋前先加1大匙冷油至肉片內拌勻，之後再過油或入鍋快炒時用筷子一拌就會滑開，不會攪不散了。

祕訣3 分次爆香

以常用來爆香的蔥、薑、蒜和辣椒來說，建議先爆香蒜、薑，再放入辣椒，最後放入蔥，這樣做一方面味道會比較有層次，另一方面辣椒和蔥的顏色也會比較漂亮。

爆香辛香料時用中小火即可，如果用小火，要炒較久費時，若用大火則蒜末易快速焦化。

祕訣4 拌炒取代過油

快炒店為了讓炒出來的牛肉、豬肉、雞肉比較嫩，都是以過油方式處理；但在家烹調的話，多出來的炸油很難處理，建議可改用不沾鍋拌炒，除能減少油的使用量，而且口感也軟嫩。

tips：讓肉質軟嫩的技巧
用來快炒的牛肉通常是牛里肌，切的時候要逆紋切，並用太白粉跟蛋液來醃，就不容易炒老掉，或是選擇油脂分布均勻的牛小排或沙朗也會比較嫩。醃漬時若已有加蛋液和太白粉，沒有小蘇打粉也可以不用放，一樣可以達到軟化肉質效果。

祕訣 5 大火快炒

不管是收汁、煮醬汁或是翻炒，都盡量用大火，因有些食材已經先汆燙過或是事先炸熟了，用大火快炒能縮短烹調時間，炒出來的食材才不會太老。

海鮮類汆燙和拌炒的處理速度要加快，以免肉體縮小；炒蔬菜需用大火，儘可能在1分鐘內起鍋，避免炒過久導致氧化變黃，根莖瓜果類蔬菜可先過油鎖色再炒。

祕訣 6 分次放入調味料

放調味料時最好是分別加入，等一種拌炒出味，再加入下一種，因為這樣才能逐一呈現香味層次。尤其是砂糖，須炒出焦糖香味才好吃。

但對新手或少下廚者而言會怕來不及操作，將調味料混合拌好放入雖然做出來的味道略差，但不失為很好的應變及省事方法。

祕訣 7 合宜控制勾芡量

快炒用的勾芡，一般都是用太白粉水，比例是以1：1調成，一般認知會以為勾薄芡和濃芡是粉和水的比例不同，其實只要能把粉調開即可，薄芡或是濃芡，取決於倒入太白粉水的量，而不是粉和水的比例。

用炒飯練習快炒技巧吧！

在鍋中加入白飯，用匙背把飯壓平，與材料混拌一下後，就要做炒勻的技巧動作，如缺這個動作，則飯粒無法均勻碰觸鍋面受熱，會黏住鍋底燒焦且呈色不均。

● 先握住鍋鏟向左盛一些飯，再逆時針拉向自己，讓飯轉向下面，再用匙背推向前，即完成一圈。依此方法快速炒7～10圈，至飯粒粒粒分明、散發飯香味、碰觸鍋面會發出嗞嗞聲且呈跳躍飛舞狀即可。

● 炒飯後的鍋面表面油亮、沒有沾黏絲毫飯粒，即表示成功。

烤 的 技 巧

「烤」是最簡單的一種料理方式，由機器控制溫度。只要熟悉家中烤箱的性能，並在前置作業多加注意，成功率一定是百分之百。

祕訣 1 先預熱烤箱

烤箱必須先預熱至使用溫度，才能讓食材放入烤箱時就能在固定的溫度中烘烤，否則會因等待時間過久、烤箱要達到所需溫度前的低溫時間過長，影響品質(實際操作請參考家中烤箱說明書)。

祕訣 2 避免食材沾黏

烤魚前在烤盤鋁箔紙上塗抹一層薄薄沙拉油，以免魚肉沾黏，或是也可以切些洋蔥絲或青蔥絲墊底一起烤，還能增加香氣。

炸 的 技 巧

油炸的食物講究油溫和火候，要炸出外酥內嫩的成品，以下幾點訣竅你一定要知道。

祕訣1 裹粉要等到反潮

食材裹粉時，除非是特殊原因，不然必須等到反潮，再入鍋油炸。所謂的反潮是指太白粉和食材完全融合，表面看起來會濕濕、黏黏的，這樣食材和粉會沾黏的更牢靠，油炸的過程就不會和裹粉分離，不會讓炸好的炸物因失去保護層，流失水分而太乾澀。

> **tips:**裹粉炸的食材須用高溫油，如油溫太低，上漿的粉會在油中散掉。沾蛋白的量不宜過多，粉會糊掉，炸後就不酥脆。另外，菇類不能炸太久，因易生水，會反潮軟化。

祕訣2 油量要夠

油炸時，油量要夠、要蓋過食材，可以讓炸物有足夠的活動空間，能使食物色澤受熱平均，也不易黏鍋，炸好才不會含油，油太少則食材反而愈容易吸油，油多則愈不吃油。此外，油多時油鍋降溫的速度較慢，才不會放入食材後要花很長時間升到原來的溫度。若怕油多吸油，起鍋前再用大火逼出油脂即可。

祕訣3 油溫要夠

油溫高低需控制得宜，若油溫過高會使外表容易炸焦；反之，油溫太低，則油炸品口感較軟、顏色淡、不酥脆且含油量多，吃起來非常油膩不順口；因此，油溫要加熱到一定的溫度才可放入食材，而溫度隨著食材不同而有差別，書中食譜都有標示。

放入食材的時間，最簡易的判斷標準就是插入1根筷子，當筷子周圍馬上冒出大量的氣泡，表示油溫至少有160℃。另外，也可以放入麵粉，一丟下馬上浮起，表示溫度夠了。

祕訣4 用大火炸

炸的過程為了維持油的溫度，絕大部分是以大火炸，才能使因食材放入而下降的油溫迅速上升。但可依個人對烹調的熟悉度做調整，新手可用中火，常做料理的老手則可用大火。遇到體積比較大的雞塊和花枝丸，就是用中火慢慢炸，才不會外面焦黑，裡面不熟。

祕訣5 不要急著翻動

食材放入時千萬不要急著翻動，要等到炸至定型才動，以免表面的裹粉脫落。

祕訣6 撈出時機

炸熟最簡易的判斷方法，是炸至食材浮起，就表示裡面的水分已經沒有，也熟了。

祕訣7 油炸過程要撈渣

油炸過程中若有浮渣要隨時撈掉，以免殘渣持續炸焦，造成整鍋油會有焦味，影響炸物的味道，油也沒辦法再用了！

祕訣 8 二次回炸

　　家裡用的爐火溫度不像營業用升溫速度快，食材放入油溫就會馬上下降，所以炸的時候，油的量一定要放夠。若炸一次，看到炸好的食材看起來軟、會吃油，此時就可以藉助二次回炸。回炸時要把油溫加熱上升至180℃，再用大火逼油30秒，這樣做能增加炸物的酥脆度，而且炸出來的食材也不會油膩！

　　回炸時，當炸油聽不到聲音，而且手掌放在油鍋上會感到燙，表示可以放入食材回炸。若會聽到聲音，表示裡面還有之前殘餘食材的水分，必須再等一下。

tips:建議使用含高量單元不飽和脂肪酸的植物油，可降低膽固醇、防止心臟血管疾病與保護皮膚；而且耐高溫、油煙少，適合長時間油炸，例如：芥花油、橄欖油，味道也較清爽。

蒸煮的技巧

蒸煮是藉由水來讓食物保持鮮度，所以水的使用十分重要。

祕訣 1 水量只要八分滿

　　蒸鍋內的水量以八分滿最適宜，過少則蒸氣量不足，不容易蒸熟。且須等水煮滾後再放入蒸鍋蒸，因為食材放入或是蓋上蒸籠後就得立刻開始計時蒸製時間。

祕訣 2 蓋緊蒸籠

　　蒸製過程中最怕蒸氣跑掉，而影響蒸製時間和浪費燃料，所以務必蓋緊蒸籠蓋。

祕訣 3 起鍋時間用食材量計算

　　100公克蝦約蒸4分鐘；1斤重的魚約蒸8～10分鐘即熟，每重1斤就增加1倍的時間，而觀察魚眼爆凸即表示已蒸熟。

祕訣 4 燜一下更夠味

　　煮時需要讓料理收汁入味時可蓋上鍋蓋，用中火燜煮1～2分鐘即可。香油於起鍋前再加即可，太早放入香味會消失。

祕訣 5 煲類要放入熱砂鍋中

　　煮煲類時，若家中有砂鍋，可先把砂鍋放在爐子上加熱，再將煮好的菜直接倒入熱砂鍋中，裡面的調味料會續煮到微焦，可增加香氣。

熬鍋高湯

熬高湯的食材最常用的是豬骨、雞骨、香菇等，它們富含「呈鮮物質」，經過長時間熬煮，此物質就會隨可溶性蛋白質逐漸滲透出來，使湯產生鮮味。熬湯時不宜添加調味料，尤其是具有滲透作用的鹽，會使食材中的水分排出，導致蛋白質快速凝聚，來不及釋出呈鮮物質。不過在熬湯時可加入少量的蔥薑蒜或酒，具有去除腥羶味、解膩爽口的效果。

熬湯的程序

1.熬湯前需先焯冷水

大部分的熬湯食材是動物類的，難免會帶有血污及腥臊味，所以在正式熬湯前，要先將肉類材料洗淨後放入鍋中，與冷水一起加熱，待煮沸後立即撈起洗淨，這個步驟可以去除血水和異味，使湯汁較清爽少浮沫。

2.熬湯時需從冷水煮起

將處理好的食材放入乾淨深鍋中，加入適量冷水一起煮沸，再轉小火繼續熬煮。用冷水與材料一起煮，才能透過緩慢加熱的過程，使精華充分釋出，若放入沸水中煮，食材一受熱表面的蛋白質即會凝固，使細胞孔隙密合，便無法將食材內部的營養素及鮮美物質釋放出來。必須一開始就放好需要的水量，不可中途再添加冷水。

3.在快沸騰前即時撈除浮沫及雜質

肉類中的血紅蛋白遇熱後體積會變大、孔隙變多，所以易吸附雜質及油脂，因為比重較輕，受熱力推動後會浮在湯面，形成白濁色浮沫。浮沫形成的時機在湯汁快沸騰前(約95℃)最為明顯，此時要立即撈除浮沫，一旦湯汁滾沸，將浮沫沖散便不易撈乾淨。在後續熬湯的過程中，還是要隨時注意將浮沫撈掉，以免影響湯汁的清澈和風味。

4.用細濾網過濾使高湯更順口

高湯熬煮完成後，必須用細濾網過濾掉不可食用的食材如骨渣等，另外像是蔥、薑等辛香料也可一併濾除。

高湯的保存

如果是1週內可用完的份量，可裝入乾淨的保特瓶中，再放入冰箱冷藏保存。高湯也可自製成小湯塊，在作菜時加入1、2塊，讓菜餚的味道更鮮美。只要將湯汁倒入製冰盒中，冷凍至凝固後，再取出放入保鮮盒或夾鏈袋中冷凍保存即可(1個月內用完)。如果想讓高湯更清爽，並降低脂肪的攝取，可等高湯放涼後冷藏1～2小時，待表面凝結後刮除油脂，然後再依需求分裝保存。

高湯的種類

高湯種類可依個人喜好選擇，若沒空熬製，也可使用高湯塊、高湯罐或是柴魚昆布粉等調製簡易速成高湯。以互補方式使用可提升美味，如雞肉湯用柴魚昆布粉、魚湯用大骨湯粉。

大骨高湯

1. 豬大骨1付洗淨，放入冷水鍋中，以大火煮至滾沸，汆燙去血水後取出再次洗淨。
2. 重新加冷水1500cc(要淹過大骨)，以小火煮滾後繼續熬煮1小時，再撈除浮沫即可。

雞骨高湯

1. 雞骨2付洗淨，放入冷水鍋中，以大火煮至滾沸，汆燙去血水後取出再次洗淨，略敲碎，與1500cc清水、200公克調味蔬菜(洋蔥、蒜苗、芹菜、紅蘿蔔)放入鍋中。
2. 先以大火煮沸，再轉小火續煮至雞骨可輕易用湯匙壓碎的程度(約1小時)，濾出湯汁即可。

昆布高湯

1. 昆布1條(20公分)將表面灰塵略擦乾淨，與1500cc清水放入鍋中，以中火煮至鍋底開始冒泡時，便將昆布取出(若沸騰後才取出，高湯內會有昆布的生腥味)。
2. 再放入30公克柴魚片，煮至滾沸即關火，將表面的浮渣仔細撈除，靜置等柴魚片沉澱到鍋底(攪拌會使高湯混濁不清澈)，濾出湯汁即可(可在濾網上蓋上擰乾的溼紗布可濾得較乾淨)。

快學！
熱炒店常用的三種盤飾

1. 將一片廣東A菜放置盤邊，上面再放上巴西里，最後加上一朵蝴蝶蘭，即是經典熱炒店的盤飾。

2. 將蔥絲、薑絲、紅辣椒絲混合拌在一起，可放盤底裝飾或取少許置於菜餚上面點綴，泡在清水中可使用一天。

3. 高麗菜洗淨切細絲做為盤底，上面可直接放上炸烤類的菜餚，搭配高麗菜絲食用可降低油膩感、較爽口。

冰箱常備
快炒醬汁

一種醬汁兩種味道，

調出10種快炒店必備的方便醬汁，

並根據這10種醬汁做變化，

設計出20道各式口味的菜色，

讓作菜這件事變得好簡單、好省事。

快速方便的基礎醬汁

一般的餐廳或是快炒店，都會為了出菜的快速及菜餚的特色而研發了一些所謂的特調方便醬汁。然而這些醬汁正是這家店的靈魂，操縱店的生存關鍵。或許用個現代的語言，這個醬汁可以說是這家店的SOP，標準化的重要準則。

而本書中介紹10種基礎醬汁，都是常見、好用，又適用於快炒的手法，且若經由快速爐或是鼓風爐的高溫烹調，會有特別的風味，將菜餚的特色表現的更完美，也可以讓每位上爐台的師傅做出同一種味道。如果用於家庭，當然可以就這個配方直接來作菜，但也可以自己調整做出不同風味，成為適合家人胃口的醬汁。

製作基礎醬汁的注意事項

❶ 家庭的瓦斯爐、電磁爐還是其他的加熱工具，在醬汁與菜餚上升溫的速度畢竟不像專業的爐火，製作時可以適時地調整水分或鹽分的量，或者是甜度、油脂的比例，這樣更能做出自己喜歡的味道。而且也會因為使用的調味料品牌不同，使得鹹度、辣度會各有出入，調製時可自行些微調整。

❷ 調味料要慎選新鮮品，採買時要看製造日期和保存期限，不要買到過期材料，並要儘快在保存期限內使用完畢，以免變質。

❸ 基礎醬汁為了方便起見，只需將全部材料混合拌勻即可使用，用不完的就放入冰箱冷藏保存，實際的保存時間請參考每種醬汁說明。但要特別注意，醬汁保存期間絕不能摻入水分，因大部分都有添加香油或油脂類，摻到水會造成油水分離現象，影響醬汁的品質和風味。

❹ 書中醬汁的份量是根據本書食譜的需要量再多一些，若是想要製作自己需要的份量，可先等比例增減，試吃後再做調整即可。

1 基礎醬汁 蠔油汁

材料

米酒90cc(6大匙)、蠔油4大匙
醬油膏4大匙、糖2大匙
胡椒粉1/2小匙

作法
全部材料混合拌勻即可。

保存
冷藏1週

醬料的基本特性：「蠔油汁」是很廣式口味的調味料。只要想烹調出廣式風味，蠔油是一定要加的。此外，如果希望菜餚中添加鮮味，也可以使用蠔油。當然除了廣式口味外，福建、東南亞口味，甚是韓國的泡菜鍋、泡菜口味，都可以用蠔油汁來增加鮮美的味道。

適合的烹調方法：快炒，鐵鍋或砂鍋乾燒，也可以用在勾芡的菜餚及濃郁的湯品上。

速配的食材：豬肉、牛肉、雞肉、海鮮類及蔬菜類皆可。

家常巧變化：蠔油汁加入粗粒黑胡椒和奶油，讓原本中式的醬汁變成西式口味。

美味Point：快炒店的蠔油汁會加上1/2小匙甘草粉，可增加甘甜味，若是一般家用則可省略。

蠔油鮮蚵

可換主食材：蝦仁

總份量
4人份

店販價
100元

材料

蚵仔200公克、嫩豆腐1盒、蒜末10公克
辣椒花10公克、蔥花10公克

調味料

A 地瓜粉2大匙
B 蠔油汁3大匙、水150cc
　太白粉水1又1/2大匙、香油1小匙

事前準備

蚵仔▷加鹽抓洗▷裹粉
蚵仔放入清水盆中,加少許鹽巴抓洗2秒後,沖洗乾淨挑除碎殼,瀝乾後沾裹地瓜粉,抓勻。

嫩豆腐▷切塊
從盒中取出切小塊。

美味 Point

- 蚵仔用鹽清除黏液須在瞬間完成,因蚵仔碰到鹽水會脫水縮小,所以要快速洗去鹽分。
- 蚵仔和豆腐都是含水量多的食材,先汆燙過可以預防烹煮中出水影響味道,另外還有定型的作用,以防攪拌過程破裂。
- 蚵仔裹粉比較不會失水,也可保留原型;汆燙後要泡入水中,以免餘溫使其繼續熟,吃時口感太老。

★ 烹調開始

1 將豆腐放入滾水中汆燙,撈起瀝乾備用。

2 放入裹好粉的蚵仔汆燙,撈起,泡入水中約5分鐘。

3 鍋中倒入1大匙油燒熱,放入蒜末、辣椒花以中小火爆香,加入蠔油汁和水,轉大火煮至醬汁滾。

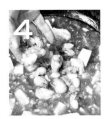

4 放入豆腐續以大火煮滾,加入太白粉水勾芡拌勻,再放入蚵仔拌勻,撒上香油和蔥花拌勻即可。

黑椒牛柳

總份量
4人份

店販價
120元

材料

牛肉250公克、洋蔥100公克、紅蘿蔔20公克
玉米筍20公克、四季豆20公克、蒜末10公克
辣椒花10公克、蔥段10公克

調味料

A 蛋液1大匙、米酒1大匙、醬油1小匙、太白粉1大匙
　糖1/4小匙、胡椒粉1/4小匙、小蘇打粉1/4小匙
B 粗粒黑胡椒1小匙、蠔油汁3大匙、水100cc
C 無鹽奶油1大匙

事前準備

牛肉▷切條▷醃漬
牛肉逆紋切成寬1cm的條狀，依序放
入所有調味料**A**拌勻，醃漬15分鐘。

洋蔥▷切絲
洋蔥切絲。

紅蘿蔔▷切條
紅蘿蔔去皮、切
粗條。

玉米筍▷切半
玉米筍對半直切
開。

四季豆▷切段
四季豆撕去兩側的莢
膜，切成5cm長段。

★烹調開始

I 將紅蘿蔔、玉
米筍放入滾水
中，以大火煮
1分鐘，撈起
瀝乾備用。

2 不沾鍋倒入2
大匙油，放入
牛肉，以大火
拌炒至變色，
取出備用。

3 鍋中倒入1大
匙油燒熱，依
序放入蒜末、
辣椒、蔥段、
洋蔥絲，以中
小火炒至洋蔥
軟化。

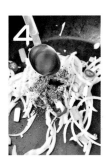
加入所有調味料**B**，轉大火煮至醬汁滾。

放入紅蘿蔔、玉米筍拌炒，再放入牛肉和四季豆拌炒均勻。

起鍋前加入奶油炒勻即可。

2

沙茶汁

材料

沙茶醬4大匙、醬油2大匙
醬油膏2大匙、米酒2大匙
糖2小匙、胡椒粉1/2小匙

作法 全部材料混合拌勻即可。

保存 冷藏1週

醬料的基本特性：沙茶汁屬於中國南方的風味，流傳到台灣也調整成台灣的特別口味，快炒店就常用沙茶汁的特殊香氣來烹調菜餚。沙茶本身的香氣重，但是鹹味較為不足，所以會加一些鹹或甜的調味料增加味道，也可添入少許的酒、胡椒粉來提香氣。因這道醬汁的口味重，所以適合用在本身味道重的食材上，像是羊肉、蟹腿肉，或是香氣較不特殊的食材，則可利用沙茶的口味來提味。

適合的烹調方法：快炒、勾芡的菜餚，或是味道濃郁的湯品。

速配的食材：牛肉、羊肉、豬肉、豬內臟、海鮮類、炸過的根莖類、炸過的新鮮菇類。

家常巧變化：香氣濃厚的沙茶汁中添加咖哩粉，偏重味道的調味讓沙茶汁的味道更有層次。

沙茶羊肉煲

可換主食材：豬肉、牛肉

總份量 4人份

店販價 180元

材料

羊肉片250公克、洋蔥100公克
蒜末10公克、辣椒花10公克
蔥段10公克

調味料

沙茶汁4大匙、水400cc
太白粉水1大匙

事前準備

洋蔥▷切絲
洋蔥切成絲。

▼ 家常巧變化

咖哩沙茶炒羊肉

可換主食材：雞肉

總份量 4人份

店販價 120元

材料

羊肉片150公克、空心菜250公克
蒜末10公克、辣椒花10公克
蔥段10公克

調味料

沙茶汁1大匙、咖哩粉1/2大匙
水300cc、米酒2大匙
太白粉水2大匙

事前準備

空心菜▷切長段
空心菜去根部，
切5cm長段。

鍋中倒入1大匙油燒熱，依序放入蒜末、辣椒花、蔥段、洋蔥以中小火爆香。

加入沙茶汁及水，以大火煮滾。

放入羊肉片續煮滾。

再以太白粉水勾芡拌勻，盛入燒熱的砂鍋中即可。

美味 Point 利用沙茶的重口味，可以壓下羊肉的騷味。

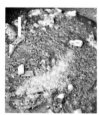
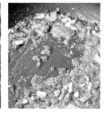

鍋中倒入1大匙油燒熱，依序放入蒜末、辣椒花、蔥段，以中小火爆香。再加入沙茶汁、咖哩粉炒香。

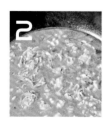

倒入水以大火煮滾，加入羊肉片、米酒，煮至羊肉片變色。

倒入太白粉水勾芡拌勻，再放入空心菜拌炒均勻即可。

3
基礎醬汁

糖醋汁

材料

蕃茄醬90公克(6大匙)、白醋4大匙
糖4大匙、米酒1大匙、鹽1/8小匙

作法
全部材料混合拌勻即可。

保存
冷藏1週

醬料的基本特性：讓食材包覆著酸酸甜甜味道的「糖醋汁」，是最受外國人及小朋友們接受的中式口味。基本上糖醋汁是由糖、白醋、蕃茄醬所結合的醬汁，在餐廳中，會運用快速爐的大火讓食材迅速收汁入味，在家庭的作法上則常會加入太白粉水來幫助包覆食材。當然也可以就個人喜好的酸甜度做調整，像是當中的糖，使用冰糖、白糖、二砂糖都會有不一樣的效果，甚至可以將鹽改用醬油，而醋除了白醋外，也可以加少許的烏醋來調和酸味。

適合的烹調方法：快炒，或是勾芡的菜餚。

速配的食材：豬肉、雞肉、炸過的海鮮類、炸過的根莖類、炸過的新鮮菇類、豆類製品。

家常巧變化：糖醋汁加了話梅粉甘甜味更明顯，用在苦瓜上便幾乎完全吃不到苦的味道，最適合小朋友和怕苦的人食用。

美味Point：有些快炒店會添加話梅粉，來增加甘甜味。

糖醋花枝

總份量
4人份

店販價
100元

可換主食材：中卷、里肌肉

材料

花枝300公克、青椒30公克
罐頭鳳梨片2片、蒜末10公克

調味料

A 胡椒鹽1/4小匙、地瓜粉100公克
B 糖醋汁5大匙

事前準備

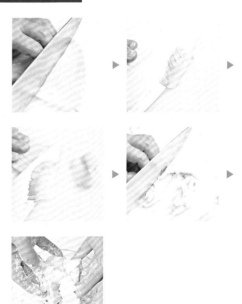

花枝▷切梳形片、裹粉
花枝從內面間隔0.5cm切直紋，但不切斷，再轉橫向切垂直紋，並以一刀切斷一刀不斷的方式切成梳形片，再把頭部切半。切好的花枝撒上胡椒鹽拌勻，再裹上地瓜粉，靜置到反潮(詳細處理方法請參見P18)。

★ 烹調開始

起油鍋,加熱油溫升至170℃,放入沾裹好粉的花枝,以大火炸至浮起、外觀微黃,撈起瀝乾。

原油鍋以大火加熱至180℃,放入作法1的花枝及青椒,炸約30秒,撈起瀝乾。

鍋中倒入1大匙油燒熱,放入蒜末,以中小火爆香,加入糖醋汁轉大火煮到滾。

再加入鳳梨、炸好的花枝、青椒翻炒至沾勻醬汁即可。

美味 Point

裹好粉的花枝要放到反潮,所謂的反潮是指太白粉和食材結合,表面會看到濕濕黏黏的,油炸的過程就不會脫粉,炸衣與食材才不會分開。

青椒▷切菱形片
青椒去籽,先切成2cm寬條,再斜切成菱形。

鳳梨片▷切塊
鳳梨片1片切成8等分。

糖醋話梅苦瓜

可換主食材：蓮藕

總份量
4人份

店販價
80元

材料

青苦瓜300公克、紅甜椒20公克
黃甜椒20公克、蒜末10公克

調味料

A 太白粉150公克
B 糖醋汁5大匙、話梅粉1小匙

事前準備

青苦瓜 ▷ 切長條、裹粉
青苦瓜剖半，用湯匙挖去籽，切粗條
狀，沾裹上太白粉，放置反潮。

紅甜椒 ▷ 切粗條
紅甜椒切成寬度
0.5cm條狀。

黃甜椒 ▷ 切粗條
黃甜椒切成寬度
0.5cm條狀。

★ 烹調開始

1 起油鍋，加熱至油溫
升高到170℃，放入
苦瓜以大火炸至外觀
金黃色，撈起瀝乾。

2 原油鍋放入紅黃
甜椒過油。

3 原鍋中留1大匙油，
放入蒜末，以中小
火炒香，再加入糖
醋汁、話梅粉，轉
大火煮至滾。

4 放入炸好的苦瓜
和紅黃甜椒拌炒
均勻即可。

美味 Point
苦瓜裹粉炸過，
才能夠吸附住醬
汁，才會入味好
吃。

基礎醬汁

蒜蓉汁

材料

新鮮蒜泥3大匙、米酒3大匙
蒜酥1大匙、雞粉1小匙
胡椒粉1/2小匙

作法 全部材料混合拌勻即可。

保存 冷藏3天

醬料的基本特性：蒜蓉汁是台菜的靈魂味道。所有清炒的菜餚皆適用這道醬汁來調味，舉凡快炒的蔬菜類、海鮮類，或是添加蔬菜的肉類，只要想做出清爽的味道，就可以利用這個蒜蓉汁。當然也可以讓這道蒜蓉汁變成濃郁的味道，只要在油脂上做一些調整就可以，像是奶油、香油、胡麻油，都是可以讓蒜蓉汁的味道變濃郁的絕佳方式。

適合的烹調方法：快炒、清蒸。

速配的食材：新鮮海鮮類、炸過的海鮮類、新鮮菇類、豆類製品、新鮮蔬菜等。

家常巧變化：起鍋前添加無鹽奶油，可以讓原本清爽的蒜蓉汁味道變濃郁。

蒜泥鮮蟹

可換主食材：軟絲

總份量
4人份

店販價
時價

材料

鮮蟹1隻、粄條100公克、辣椒花10公克

調味料

香油2大匙、蒜泥汁4大匙
水300cc、鹽1/2小匙

事前準備

花蟹▷切塊
螃蟹先橫切二刀，再從中間剖開，用刀背拍碎蟹腳後，全部洗淨瀝乾(詳細處理方法請參見p.19)。

美味Point

● 螃蟹沾上粉可以鎖住蟹肉的甜度，且炒的過程也容易吸附醬汁。

● 螃蟹沾太白粉要馬上入鍋油炸，若等反潮再放入，粉就會太厚，影響口感。

粄條▷切條
粄條切成寬度約
1cm的條狀。

起油鍋,加熱油溫升至170℃。花蟹沾上太白粉後放入油鍋中,以大火炸約2分鐘,撈起瀝乾。

鍋中倒入香油燒熱,放入辣椒花和蒜泥汁,持續以中火炒到香氣出現。

加入水、鹽及所有材料,以大火煮至收汁即可。

蒜泥鮮蟹

蒜泥鮮蝦

總份量
4人份

店販價
150元

可換主食材:鯛魚片

材料

白蝦12隻、蛋豆腐1盒、辣椒花10公克
蔥花10公克、香菜末10公克

調味料

蒜泥汁2大匙、鹽1小匙、無鹽奶油1/2大匙

事前準備

白蝦▷剪鬚腳▷去腸泥
用剪刀剪去頭部的尖端及蝦腳,再從背部剪開,用牙籤挑出腸泥。

蛋豆腐▷切條
連盒子從背面中間切開,取出蛋豆腐,切成長條。

起油鍋，加熱油溫至180℃，放入蛋豆腐，以大火炸至外觀金黃色，撈起瀝乾。

原油鍋以大火加熱至180℃，放入蝦，以大火炸至外觀金黃色，取出瀝乾。

鍋中加入1大匙油燒熱，放入辣椒花和蒜泥汁。

持續以中小火炒到醬汁略乾，出現香氣。

加入所有材料及鹽，以大火拌炒均勻，起鍋前加入無鹽奶油再次炒勻即可。

美味 Point

● 炸豆腐前要用紙巾擦乾表面水分，入油鍋後先不要動，等豆腐變硬後才可翻動，不然很容易破掉。炸的過程要略微攪拌才會上色均勻。

● 炸好的豆腐或是蝦若不夠酥，可放回油溫加熱至180℃的油鍋中，以大火回炸30秒。

紅燒汁

材料

醬油90cc(6大匙)、細冰糖4大匙
米酒4大匙、蠔油2大匙、胡椒粉1小匙

作法　全部材料混合拌勻即可。

保存　冷藏1週

醬料的基本特性：最基礎的紅燒汁是用醬油及少許的糖來調和而成的，但是在一般的店家裡，這樣的口味會太過於單調，所以添加蠔油來增加鮮味，胡椒粉來增加香味。也可以將米酒的部分作些微的調整，像是用紹興酒的酒味會更濃郁，而添加高粱酒則會增加酒香。還可以添加些粉狀的香料，例如：五香粉、百草粉、八角粉等，來增加香氣。

適合的烹調方法：慢火熬煮、細火慢燉、快炒，可以燒好再用太白粉水勾芡等方式。

速配的食材：豬肉、豬內臟、雞肉、雞內臟、牛肉、羊肉、頭足類及甲殼類海鮮、根莖類、新鮮菇類、豆類製品都很適合。

家常巧變化：紅燒汁中加入濕豆豉一起煮，可讓醬汁多一份甘甜味。

美味Point：若家中沒有細冰糖可用二砂糖代替。

紅燒蹄筋

可換主食材：海參、魚塊

總份量
4人份

店販價
150元

材料

發好蹄筋200公克、鮮香菇30公克
真空沙拉筍30公克、紅蘿蔔30公克
甜豆30公克、蒜末10公克
辣椒花10公克、蔥段10公克

調味料

紅燒汁5大匙、水200cc
太白粉水1大匙、香油1小匙

事前準備

蹄筋 ▷ 切段
蹄筋切長段。

香菇 ▷ 切片
香菇去蒂頭、切片。

沙拉筍
▷ 切半圓片
沙拉筍切對半，再切成半圓片。

紅蘿蔔
▷ 切半圓片
紅蘿蔔去皮，先切對半，再切成半圓片。

香菇、沙拉筍、
紅蘿蔔和甜豆放
入滾水中,以大
火煮2分鐘後撈
起瀝乾。

放入蹄筋,續以
大火煮2分鐘,
撈起瀝乾。

鍋中倒入1大匙油
燒熱,放入蒜末、
辣椒花、蔥段,以
中小火爆香後加入
紅燒汁、水及蹄
筋,轉大火煮至略
收汁。

放入香菇、沙拉
筍、紅蘿蔔及甜
豆,以大火煮至
收汁,以太白粉
水勾芡拌勻,起
鍋前加入香油即
可。

甜豆▷去莢膜
甜豆撕去兩側莢
膜。

美味
Point

蹄筋先水煮過可以去
腥味,並有熱度,放
入鍋中,不會使得溫
度一下降低,可以加
快烹煮時間。

豆豉蚵

可換主食材：蝦仁

總份量
4人份

店販價
150元

材料

蚵仔300公克、蒜苗50公克、濕豆豉20公克
蒜末10公克、辣椒丁20公克

調味料

紅燒汁3大匙、水100cc、太白粉水1小匙

事前準備

蚵仔▷加鹽抓洗
蚵仔放入盆中注入清水，加少許鹽巴，
抓洗2秒後，沖水洗淨碎殼，瀝乾。

蒜苗▷切丁
蒜苗切1cm的丁狀。

★ 烹調開始

1
將蚵仔放入滾水
中，關火浸泡，
約30秒後撈起瀝
乾，盛盤。

2
鍋中倒入1大匙
油燒熱，放入蒜
末、辣椒丁、蒜
苗，以中小火爆
香後放入豆豉炒
勻。

3
加入紅燒汁和水
拌勻，以大火煮
到滾。

4
放入蚵仔拌勻，
再加入太白粉水
勾芡拌勻即可。

6

基礎醬汁

酸甜汁

材料

水150cc、冰糖5大匙、米酒5大匙
白醋3大匙、醬油膏2大匙
檸檬汁2大匙

作法 全部材料混合拌勻即可。

保存 冷藏3天

醬料的基本特性：酸甜汁和糖醋汁
的不同是在於，酸甜汁不使用蕃茄
醬的味道和顏色，以及添加新鮮的
檸檬汁讓酸味更柔和。酸甜汁可以
讓食材更加開胃，也能讓食材的味
道變得更容易入口。也可以將醬汁
裡的醬油膏做調整，換成醬油或是
鹽改變顏色及味道。或是將新鮮的
檸檬汁用金桔汁等酸味的果汁來替
代。

適合的烹調方法：快炒、勾芡的菜
餚。

速配的食材：豬肉、雞肉、炸過的
海鮮類、根莖類、新鮮菇類、豆類
製品、魚漿製品等。

家常巧變化：酸甜汁再加上蕃茄
醬，會變得類似糖醋汁的口感。

蜜汁花枝丸

總份量
4人份

店販價
150元

可換主食材：蝦仁

材料

花枝丸16粒、黑白芝麻1小匙

調味料

A 吉士粉2大匙、蛋液2大匙、水2大匙
B 酸甜汁5大匙

事前準備

花枝丸 ▷ 裹粉漿
吉士粉、蛋液及水放入調理盆中拌勻,放入花枝丸抓勻。

★ 烹調開始

1
起油鍋,加熱油溫至160℃,放入裹粉漿的花枝丸,以中火炸至浮起後,撈起瀝乾油分。

2
原油鍋以大火加熱至180℃,放炸花枝丸再炸第二次,炸約30秒至外表金黃色,撈起瀝乾。

3
鍋中倒入酸甜汁,以小火煮滾,放入花枝丸和芝麻沾勻即可。

美味 Point
● 粉漿的比例是水分和固體用2:1調成。吉士粉可用脆酥粉取代,烘焙材料行有販售。因使用吉士粉,炸出來的花枝丸外觀呈現金黃色。
● 花枝丸要用中火慢慢的炸,以免外面一下就炸熟,裡面卻還冷冷的。

酸甜雞翅

可換主食材:鯛魚片

總份量 **4**人份

店販價 **150**元

材料
雞翅12隻、冬粉1卷、白芝麻1小匙
香菜段5公克

調味料
A 地瓜粉120公克
B 酸甜汁255cc(17大匙)、蕃茄醬2大匙

事前準備

 ▷  ▷

雞翅 ▷ 劃刀 ▷ 醃漬 ▷ 裹粉
雞翅中間劃一刀,倒入5大匙酸甜汁,拌勻醃10分鐘後,裹上地瓜粉,靜置到反潮。

冬粉用高溫炸,可瞬間炸至膨脹,在餐廳稱之為鴿鬆,可以單吃,或是和醬汁一起食用,各有不同風味。還可改用米粉來做,效果一樣,若用麵條炸即是所謂的雀巢。

起油鍋，加熱油溫至180℃，放入冬粉，以大火炸至膨大，撈起放入盤中。

另起油鍋，加熱油溫至160℃，放入沾好粉的雞翅。

以大火炸到外觀金黃色，撈起瀝乾。

鍋中倒入剩下的酸甜汁，以大火煮到醬汁約剩一半，加入蕃茄醬拌勻。

炸雞翅放在冬粉上，淋上作法4的醬汁，放上香菜，撒上白芝麻即可。

美味 Point

● 酸甜汁要煮到剩下一半再放入蕃茄醬，醬汁煮過後味道更好，而且顏色也吸引人。

● 炸好的雞翅若覺得不夠酥脆，可放回加熱至180℃的油鍋中，以大火回炸30秒逼油。

三杯汁

7 基礎醬汁

材料

米酒90cc(6大匙)、冰糖4大匙
醬油2大匙、蠔油2大匙

作法 全部材料混合拌勻即可。

保存 冷藏1週

醬料的基本特性：用三杯汁燒煮的料理是經典的台菜代表美食，也是享譽國際的台灣料理。在當時是以一杯酒、一杯醬油、一杯胡麻油，稱之為三杯來烹調，在經過多年的改良並加入蒜頭、辣椒、九層塔來增加其香味，甚至有人還加入了蕃茄醬，使其料理口味更加完美，煮出來的顏色不死黑。這個醬汁主要是要用食材本身的油脂跟醬汁融合後產生的醬香及焦香氣，讓菜餚產生不同的味道。

適合的烹調方法：快炒、鐵鍋及砂鍋乾燒，也可以用在勾芡的菜餚上。

速配的食材：豬肉、豬內臟、雞肉、雞內臟、炸過的海鮮類、炸過的根莖類、炸過的新鮮菇類。

家常巧變化：三杯汁加入了蕃茄醬，是改良版的作法，可以增添味道和顏色的變化，而且煮出來的菜色不像原本醬色偏重。

三杯苦瓜大腸

總份量 **4人份**

店販價 **150元**

可換主食材：杏鮑菇、中卷、皮蛋、米血糕 (取其中2個)

材料

A 青苦瓜200公克、大腸頭1條、 老薑片10公克
蒜末10公克、辣椒段20公克
蔥段10公克、 九層塔20公克
B 蔥段10公克、老薑片10公克、花椒粒1公克

調味料

黑麻油2大匙、三杯汁4大匙
水4大匙、米酒1大匙

事前準備

大腸頭▷ 煮熟▷ 切段
大腸頭以筷子翻面，用麵粉搓揉後洗淨，放入鍋中，加入材料B及淹過大腸頭的水，煮滾，轉中小火煮約1小時，至筷子可穿過，撈起瀝乾，切成長5cm的長段(詳細處理方法請參見p.16)。

青苦瓜▷ 去籽▷ 切條
青苦瓜剖半，用湯匙挖去籽，切成長4cm的長條。

起油鍋,加熱油溫至170℃,放入大腸頭和苦瓜條,以大火炸2分鐘,撈起瀝乾油分。

鍋中倒入黑麻油燒熱,放入老薑片,以中小火爆炒2分鐘,放入蒜末、辣椒段和蔥段炒香。

再加入三杯汁、水、炸好的苦瓜及大腸頭,以大火煮至湯汁收乾。

放入九層塔拌炒均勻,倒入燒熱的砂鍋中,沿鍋邊淋上酒即可。

美味 Point

● 生大腸要用筷子將腸子翻面後,用麵粉搓洗乾淨再煮熟,處理上較麻煩,傳統市場也有賣煮過的熟大腸,買回後只要汆燙過即可使用。

● 餐廳都是沿鍋邊嗆紹興酒,味道較濃,若有紹興酒也可取代米酒。

三杯芋頭蕃薯

總份量
4人份

店販價
100元

可換主食材：蓮藕

芋頭▷切滾刀塊
芋頭去皮，先直切成粗條，再切成滾刀塊狀。

蕃薯▷切滾刀塊
蕃薯去皮，先直切成粗條，再切成滾刀塊狀。

材 料

芋頭250公克、蕃薯250公克、老薑片20公克
蒜末20公克、蔥段20公克、九層塔20公克

調 味 料

A 黑麻油2大匙
B 三杯汁4大匙、水4大匙、蕃茄醬1大匙

★ 烹 調 開 始

起油鍋，加熱至油溫160℃，放入芋頭和蕃薯，以大火炸至外表鼓起，撈起瀝乾油分。

起鍋，加入黑麻油及老薑片，以中小火爆炒2分鐘後，再放入蒜末、蔥段炒香。

加入調味料B、芋頭塊及蕃薯塊，以大火煮至湯汁收乾，放入九層塔拌炒均勻，盛入燒熱的砂鍋中。

8

麻辣汁

材料

醬油膏2大匙、白醋2大匙
辣豆瓣醬1大匙、米酒1大匙
糖1大匙、花椒粉1大匙
辣椒粉1大匙、醬油1小匙

作法　全部材料混合拌勻即可。

保存　冷藏1週

醬料的基本特性：麻辣汁的麻來自於花椒粉，辣則是用辣椒粉來調和的。所以如果想要更麻、更辣則可以增加花椒粉及辣椒粉的使用量，或是在烹調時運用辣椒油來做，能讓愛吃辣菜的人享受味覺的快感。提醒注意，當中的辣豆瓣醬會因為品牌不同而產生不同的香氣。醬油膏的運用則是台菜的特色，當然也可以用些許的蠔油來替換，讓菜餚增添鮮味。

適合的烹調方法：慢火熬煮、快炒、勾芡的菜餚。

速配的食材：豬肉、雞內臟類、牛肉、羊肉、炸過的海鮮類、根莖類、新鮮菇類、豆類製品等。

家常巧變化：麻辣汁中多加了八角，讓原本又麻又辣的麻辣汁增加了獨特香味，味道也更有層次。

麻辣花枝

總份量
4人份

店販價
120元

可換主食材：五花肉片

材料

花枝400公克、蒜花生50公克、蒜末10公克
辣椒花10公克、蔥花10公克

調味料

A　地瓜粉100公克
B　麻辣汁1大匙、胡椒鹽1小匙

事前準備

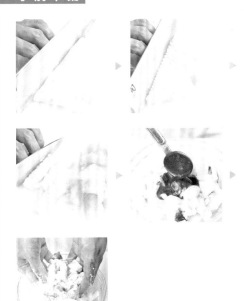

花枝▷切梳形片、裹粉

在花枝的內面切斜紋，再切垂直斜紋，都不切斷，再切成大塊。放入碗中，加入麻辣汁拌勻醃漬約5分鐘，裹上地瓜粉，靜置到反潮(詳細處理方法請參見p.18)。

起油鍋，加熱油溫至170℃，放入醃好的花枝，以大火炸至浮起後撈出。

原油鍋以大火加熱至180℃，放入炸花枝再炸第二次，炸約30秒至外表酥脆金黃色，撈起瀝乾。

鍋中倒入1大匙油燒熱，放入蒜末、辣椒花及蔥段，以中小火爆香，放入花枝和蒜花生炒勻，再撒上胡椒鹽拌勻即可。

麻辣花枝

▼家常巧變化

麻辣蹄筋

總份量 **4**人份

店販價 **150**元

可換主食材：雞胸肉

材料

發好蹄筋300公克、碰皮(炸豬皮)40公克
八角6粒、蒜末10公克、辣椒花10公克
蔥花10公克

調味料

A 麻辣汁3大匙、水300cc
B 太白粉水1又1/2大匙、香油1小匙

事前準備

碰皮▷泡水▷切塊
碰皮放入大碗中，倒入水蓋過，泡至軟化，取出瀝乾水分，切塊。

美味Point

● 蹄筋和碰皮烹調前要先煮過，可以去腥味。而且碰皮先煮過可縮短烹煮時間，以免煮的時間太久膠質流失。
● 蹄筋和碰皮在傳統市場都可以買到。

蹄筋、碰皮放入
滾水中,以大火
煮2分鐘,撈起
瀝乾。

鍋中倒入2大匙
油燒熱,放入蒜
末、辣椒花及八
角,以中小火爆
香。

加入調味料A,
轉大火煮至滾。

再放入蹄筋和碰
皮,續以大火煮
至收汁。

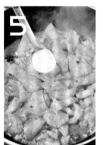

以太白粉水勾芡
拌勻,起鍋前撒
上蔥花,淋上香
油即可。

9 辣醬汁

基礎醬汁

材料

辣豆瓣醬90公克(6大匙)
米酒4大匙、醬油2大匙
醬油膏2大匙、糖2大匙
市售麻辣醬2小匙、白醋2小匙

作法 全部材料混合拌勻即可。

保存 冷藏1週

醬料的基本特性：運用現成的麻辣醬調和而成的辣醬汁，以烹調重辣、重鹹的料理為主，對於濃郁的菜餚有加分的作用。會因為市售麻辣醬品牌的不同，調製出來的味道有著些許不同的變化；此外，使用辣椒醬、豆豉辣醬、蒜蓉辣醬等，都會呈現不同的味道。若想有不同的風味，可以添加甜酒釀。

適合的烹調方法：慢火熬煮以及快炒、清燉、勾芡的菜餚。

速配的食材：豬肉、雞肉、牛肉、牛內臟、羊肉、頭足類、甲殼類、炸過的海鮮類、根莖類、新鮮菇類、豆類製品、魚漿製品等。

家常巧變化：甜雞醬酸酸甜甜帶點辣味，和麻辣醬一起炒，可以中和麻辣醬的鹹味，而辣的部分變得更有層次。

水煮牛肉

總份量 **4**人份

店販價 **120**元

可換主食材：松阪豬肉

材料

牛肉片250公克、黃豆芽100公克、乾辣椒40公克
花椒粒10公克、蔥段30公克、香菜段5公克

調味料

A 水2大匙、蛋液1大匙、米酒1大匙
　醬油1大匙、太白粉1大匙、糖1/4小匙
　胡椒粉1/4小匙、小蘇打粉1/4小匙
B 辣醬汁4大匙、水800cc

▼ 家常巧變化

辣炒蜂巢肚

總份量 **4**人份

店販價 **100**元

可換主食材：牛肉片

材料

市售滷好蜂巢肚300公克、芹菜150公克
蒜苗100公克、蒜末10公克、辣椒花10公克

調味料

辣醬汁3大匙、泰國甜雞醬1大匙、水300cc

事前準備

牛肉片 ▷ 醃漬
牛肉片加所有調味料A抓拌均勻,醃漬10分鐘。

美味Point
醃牛肉時加一些小蘇打粉可以軟化肉質,若沒有可省略。

★ 烹調開始

鍋中倒入1大匙油燒熱,放入黃豆芽和蔥段,快速拌炒至熟,起鍋放入小砂鍋中。	鍋中倒入2大匙油,放入牛肉片,以大火拌炒至熟,盛入作法1的砂鍋中。	原炒鍋倒入2大匙油燒熱,放入乾辣椒和花椒粒,以小火炒到出現香氣,放入辣醬汁炒香,加入水以大火煮滾。	作法2的砂鍋中放入香菜段,再倒入作法3的湯汁即可。

事前準備

蜂巢肚 ▷ 切條
蜂巢肚切長條狀。

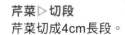

芹菜 ▷ 切段
芹菜切成4cm長段。

蒜苗 ▷ 切斜刀
蒜苗切成斜片。

★ 烹調開始

鍋中倒入2大匙油燒熱,放入蒜末和辣椒花,以中小火爆香,加入辣醬汁和甜雞醬拌炒均勻。

加入水和所有材料,以大火炒至芹菜熟即可盛出。

10
基礎醬汁
宮保汁

材料

白醋4大匙、蕃茄醬2大匙、蠔油2大匙
糖2大匙、米酒2大匙、水2大匙
醬油2小匙、二砂糖2小匙

作法
全部材料混合拌勻即可。

保存
冷藏1週

醬料的基本特性：「宮保汁」原本是由乾辣椒、花椒加上醬油、紹興酒所調製出的味道，但這個味道只有喜歡鹹辣重口味的人可以接受，所以店家都會做出一些調整。而且為了讓醬汁的口味更豐富，添加了蕃茄醬、蠔油、糖、白醋等調味料，來緩和重鹹、重辣的味道，也讓宮保汁口味變得更大眾化。

適合的烹調方法：快炒，鐵鍋及砂鍋乾燒，也可以用在有勾芡的菜餚上。

速配的食材：豬肉、豬內臟、雞肉、雞內臟、牛肉、羊肉、炸過的海鮮類、炸過的根莖類、炸過的新鮮菇類、豆類製品。

家常巧變化：宮保汁加上辣豆瓣醬一起炒，讓宮保汁回歸到最原本的重辣鹹味道，是重口味人的最愛。

美味Point：快炒店會用麥芽糖取代二砂糖，可以增加甘甜，而且燒出的菜色會增加亮度和甜度。

宮保皮蛋臭豆腐

總份量	店販價
4人份	100元

可換主食材：杏鮑菇、蟹肉、肥腸(取其中2個)

材料

皮蛋2個、臭豆腐1塊、乾辣椒15公克
花椒粒1公克、蒜花生20公克
蒜末10公克、蔥段10公克

調味料

宮保汁3大匙、水2大匙

事前準備

皮蛋 ▷ 煮熟切瓣 ▷ 裹粉
皮蛋放入滾水中，以中火煮15分鐘，用手輕壓滾動使其產生裂痕後去殼，切約2cm小塊，沾上太白粉備用。

臭豆腐 ▷ 切塊
臭豆腐切2cm塊狀。

★ 烹調開始

1.
起油鍋,加熱油
溫至180℃,放
入臭豆腐,以大
火炸至外皮酥脆
後撈起瀝乾。

2.
原油鍋以大火再加
熱至180℃,放入
皮蛋以大火炸到浮
起後撈出。續加熱
至180℃,再次放
入炸好的臭豆腐、
皮蛋,炸約30秒,
至外表酥脆金黃,
撈起瀝乾。

3.
鍋中倒入1大匙油燒
熱,放入乾辣椒、
花椒粒,以小火炒
到略焦,再放入蒜
末、蔥段炒香,加
入宮保汁及水,炒
到出現香味。

4.
放入炸好的皮蛋
和臭豆腐,以大
火拌炒均勻。

5.
放入蒜花生,再次
拌炒均勻即可。

美味 Point

● 皮蛋除了水煮外也可以
用電鍋蒸,在外鍋加1
杯水,煮至跳起即可。
皮蛋煮熟可固定蛋黃,
才不會因油炸而變形,
或產生油爆。

● 買來的臭豆腐一定要洗
乾淨,特別是表面的黏
液。

● 蒜花生要最後放入炒,
以免炒太久軟掉不脆。

宮保黑豆干

可換主食材：油豆腐

總份量
4人份

店販價
80元

材料

黑豆干2塊、乾辣椒15公克、花椒粒1公克
蒜苗50公克、蒜末10公克

調味料

宮保汁3大匙、辣豆瓣醬1大匙、水2大匙

事前準備

黑豆干▷切丁
黑豆干先縱切成
條，再切成丁。

蒜苗▷切丁
蒜苗切1cm的丁
狀。

★ 烹調開始

起油鍋，加熱油
溫至170℃，放
入豆干，以大火
炸至浮起，外觀
金黃色，撈起瀝
乾。

鍋中倒入1大匙
油燒熱，放入乾
辣椒和花椒粒以
小火炒到略焦。

放入蒜末及蒜苗炒香，
再加入所有調味料，以
大火炒到出現香味，放
入豆干拌炒勻即可。

快炒
肉料理

蒜泥白肉、五更腸旺、蔥爆羊肉、麻油腰花……

熱炒店必點的經典菜色，

配上一碗白飯、來一杯沁涼啤酒，

讓最美味的熱炒料理登上你家餐桌，

鏘鏘鏘～上菜囉～

三杯米血大腸

總份量
4人份

店販價
180元

材料

汆燙過的大腸150公克
米血糕150公克、蒜頭7粒
嫩薑片20公克
九層塔葉10公克
辣椒片1支量(約15公克)

調味料

醬油1大匙、糖2大匙
麻油3大匙、辣豆瓣醬1大匙

事前準備

汆燙過的大腸▷切塊
汆燙過的大腸切5cm
段,再對切成兩塊。

米血糕▷切正方塊
刀先抹油,再切米血糕,先對切一
半,再切成4cm正方塊。

美味Point

● 刀子抹油,切米血糕比較不易沾黏。炸米血
糕時油溫要高,外表才會硬脆內軟。
● 辣椒片要最後才放入,以免糊掉使色澤不
佳。
● 炒好取出盛盤時,不要將多餘的麻油一起盛
盤,才不會太過油膩。

★ 烹調開始

起油鍋,加熱至
油溫140℃,放
入蒜頭炸至略金
黃,再放入薑片
一起炸1分鐘,
撈起瀝乾油分。

油鍋加熱至170℃,
放入米血糕塊炸1分
鐘,再放入大腸段,
炸至米血糕塊外表硬
脆後一起撈出,瀝乾
油分。

鍋中加入調味料,用中
火煮開後,放入作法1的
薑片和蒜頭,使其吸收
醬汁,等煮開後再加入
作法2的米血糕塊及大腸
段,再放入辣椒片。

煮至醬汁收乾入
味,再放入九層
塔葉拌勻即成。

客家鹹豬肉

總份量
6人份

店販價
120元

材料

豬五花肉300公克、蒜末30公克

調味料

高粱酒1大匙、海鹽3大匙
花椒粉1/2大匙、黑胡椒粉適量

事前準備

豬五花肉 ▷ 塗酒
用手沾取高粱酒塗抹在
五花肉表面。

美味 Point

● 食用時可搭配蒜苗，或是蔥、香菜等香辛味蔬菜。
● 鹹豬肉也可切片與蔬菜同炒，冬天可搭配蒜苗，夏天
　搭配空心菜或白蘿蔔片。
● 此道菜天氣冷時可不用冷藏，室溫醃製即可；如冷凍
　保存至少可放置1個月。
● 鹹豬肉烤好要知道是否熟了，可用筷子戳看看，有穿
　透不沾黏即表示熟，炸、烤、炒、煎的肉類都可用此
　法測試熟度。

★烹調開始

鍋燒熱不放油，加入
海鹽及花椒粉炒香，
取出放涼。

將作法1與蒜末略混
拌，再塗抹在五花肉
表面上，放冰箱冷藏
醃製3～5天。

取出醃好的五花
肉，去除表面的
蒜粒。

撒上黑胡椒粉抹勻，再
放入烤箱中，以上下火
160℃烤熟，取出待涼1
分鐘後，即可切片食用。

泡菜回鍋肉

總份量
4人份

店販價
100元

材料

五花肉250公克、韓式泡菜150公克
豆乾2塊、蒜苗30公克
蒜片10公克、蔥段10公克

調味料

A 辣豆瓣醬1小匙、甜麵醬1大匙
　米酒1大匙、糖1大匙
　胡椒粉1/4小匙、水100cc
B 太白粉水1大匙

美味 Point
● 五花肉先冷凍半小時後有點硬再切，會比較好切。
● 一般快炒店會先把五花肉、豆乾油炸後再放入全部食材一起炒（如p.60的青蒜回鍋肉），若覺得炸油處理不易，可改成用小火煸出五花肉油脂，一方面肉質吃起來具嚼勁又不油膩，另一方面在家中容易操作。

事前準備

五花肉 ▷ 切片
五花肉切0.3cm的薄片。

韓式泡菜 ▷ 切塊
泡菜切小塊狀。

豆乾 ▷ 切斜片
豆乾斜刀切成斜片。

蒜苗 ▷ 切斜片
蒜苗切成斜片。

★烹調開始

鍋中倒入1大匙油燒熱，放入五花肉片，以小火煸出肉的油脂，直到肉片外觀微焦。

放入豆乾，以小火炒到表面微焦後翻面再炒。

放入蒜片和蔥段，以中火拌炒出香味後，加入調味料A以大火炒勻，煮至湯汁收乾。

放入泡菜拌炒均勻，續放入蒜苗再次炒勻後，以太白粉水勾芡拌勻即可。

青蒜回鍋肉

總份量
4人份

店販價
140元

材料

A 豬五花肉250公克、豆乾2塊、黑木耳1朵(35公克)
蒜苗1/2支、洋蔥1/3個
B 蒜末1大匙、辣椒花1大匙

調味料

A 醬油1大匙、辣豆瓣醬2大匙、糖1大匙、米酒1大匙
B 香油1小匙

事前準備

豬五花肉▷切片
豬五花肉解凍後
切薄片。

黑木耳▷切粗片
黑木耳去蒂頭，
切粗片。

蒜苗▷切斜片
蒜苗切斜片。

洋蔥▷切片
洋蔥直切2刀，
再對切成片。

豆乾▷切斜片
豆乾斜刀切成斜片。

美味 Point

● 豆乾切斜片狀感覺比較大片；可將豆乾先泡水24小
時，待組織漲開(或放一夜泡水冷藏)再炸，可使油填
滿組織，能使香味、脆度及面積增加。
● 食材一放到炸油中，就要用筷子拌炒以免黏住，如用
180℃的油溫要快速拌開，以免迅速焦掉。
● 油溫愈高油愈多食材愈不吃油、油太少溫度不高反倒
食材易吃油。

★ 烹調開始

1 將油鍋燒熱至
160℃後，放
入豆乾片和豬
肉片油炸，用
筷子拌開，炸
至略呈焦黃。

2 放入洋蔥片、
蒜苗片及黑木
耳片過油，取
出瀝乾油分。

3 鍋中留餘油1
大匙，其餘倒
出，放入蒜末
和辣椒末，以
中小火炒香，
再加入調味料
A拌炒均勻。

煮至醬汁略滾沸，放入作法2全部食材。

用大火炒至所有食材均勻沾裹醬汁後，再加入香油略拌即可起鍋。

泰式打拋肉

總份量
4人份

店販價
100元

材料

豬絞肉250公克、蛋1個
紅蔥酥20公克、小蕃茄8顆
蒜末10公克、朝天椒5公克
辣椒末20公克、九層塔5公克

調味料

二砂糖1小匙、泰式魚露1小匙
醬油1大匙、米酒1大匙
檸檬汁1大匙

事前準備

小蕃茄▷對切
小蕃茄用手取下
蒂頭，對切。

朝天椒▷切碎
朝天椒去蒂頭、
切碎。

★烹調開始

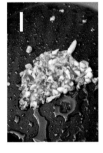
1 鍋中加2大匙油燒熱，放入蒜末、朝天椒碎及辣椒末以中小火爆香，加入糖以小火慢炒至聞到香味。

2 加入魚露和醬油炒勻，加入絞肉。

3 以小火炒至肉熟，倒入酒煮至酒精揮發。

4 續放入紅蔥酥、小蕃茄和檸檬汁，以大火拌炒勻，再放入九層塔炒至香氣散出，盛盤。

5 鍋中倒入1大匙油燒熱後，打入蛋以小火煎成太陽蛋，放在作法4的絞肉上即完成。

美味 Point

● 在泰國，吃打拋肉會加入一顆蛋黃不太熟的太陽蛋，吃的時候，把蛋汁刺破混著一起吃，利用蛋黃汁將打拋豬肉拌勻，口感較濕潤滑順，吃起來會更順口好吃。

● 這裡用二砂糖，煮出來的糖香味較重。

桂花蜜子排

總份量 **4**人份

店販價 **130**元

材料

子排300公克、紅棗10粒
黑白芝麻1大匙

調味料

A 水40cc、蛋液2大匙
　麵粉50公克、鹽1/4小匙
　糖1/4小匙、小蘇打粉1/4小匙
B 水300cc、糖1大匙
　醬油1/4小匙、烏醋1大匙
　桂花醬1大匙

事前準備

 ▷

子排 ▷ 切厚片 ▷ 醃漬

子排洗淨沖水5分鐘，放入碗中，加入
所有調味料A抓拌均勻，醃30分鐘。

美味Point
● 所謂的子排也可以稱肋排或腩排，它的肉比較
多。排骨烹煮前沖水可以去腥味及血水，也可以
使肉質較軟。
● 紅棗經熬煮可使甜味釋放出來。

★烹調開始

起油鍋，加熱油
溫至160℃，放
入醃好的子排。

以中火炸至外觀
金黃色，撈起。

鍋中放入水、糖和紅棗，以
中火加熱，待水滾後轉小火
熬煮3分鐘，加入醬油、烏
醋和桂花醬煮至略滾。

放入炸好的排骨
翻炒至均勻沾上
醬汁，盛盤，撒
上芝麻即可。

脆皮肥腸

總份量
6人份

店販價
180元

材料

新鮮大腸1條
蒜苗段1段(30公克,長約50cm)
薑片10公克、蔥段1支量(約10公克)

調味料

A 米酒100cc、鹽1大匙、水4杯
B 白醋40cc、麥芽糖30公克
　水100cc
C 鹽少許、白胡椒粉1大匙、雞粉1小匙

美味Point
淋糖醋水,可使大腸外皮炸後變酥脆,更好吃。

事前準備

調味料▷拌勻
調味料C拌勻成胡椒鹽。

大腸▷切除大腸頭▷洗淨▷煮熟
大腸切除大腸頭,利用筷子翻面,用麵粉搓揉去除黏液後再洗淨,放入鍋中,加入調味料A、薑片、蔥段,以大火煮滾後,加蓋,轉小火燜煮到軟(約1小時)後取出。

★烹調開始

調味料B放入另一鍋,不蓋鍋蓋,用小火煮至麥芽糖融化成糖醋水,取出淋在大腸上,再將大腸吊起風乾30分鐘。

取下作法1,將整支蒜苗塞入大腸內。

油鍋燒熱至140℃油溫,放入塞了蒜苗的大腸,用小火慢炸至浮起並呈金黃色,撈出瀝乾油分。

待涼1分鐘,切片排盤,沾胡椒鹽食用即可。

茄腸煲

總份量
3人份

店販價
150元

材料

A 大腸頭1條(約200公克)、茄子1條(約200公克)
　　九層塔5公克
B 蔥段10公克、薑片10公克、花椒粒2公克
C 蒜片10公克、薑片20公克、辣椒花10公克
　　蔥段10公克

調味料

A 水150cc、醬油1小匙、蠔油1大匙、糖1大匙
　　胡椒粉1/4小匙、米酒1大匙
B 烏醋1小匙、太白粉水1大匙

事前準備

大腸頭▷煮熟▷切段
大腸頭處理乾淨,放入鍋中,加入材料B、淹過大腸頭的
水,煮滾後轉中小火煮約1小時,至筷子可穿過,撈起瀝
乾,切成長5cm的長段(詳細處理方法請參見p.16)。

茄子▷切條▷泡醋水
茄子切成長條,馬上泡入
加1小匙白醋的醋水中。

九層塔▷取葉
九層塔摘下葉片。

★ 烹調開始

1 起油鍋,加熱
至油溫升高到
180℃,放入
茄子,以大火
炸至外皮變鮮
紫色,撈起瀝
乾。

2 原鍋以大火加
熱至180℃,
放入大腸以大
火炸約30秒,
撈起瀝乾。

3 鍋中倒入1大
匙油燒熱,放
入材料C以中
小火爆香,加
入所有調味料
A,轉大火煮
至滾。

放入炸好的茄子和大腸頭，以小火煮至醬汁剩一半。

放入九層塔和調味料B，拌炒均勻即可。

美味 Point

● 腸子也必須先炸過，煮出來的口感較佳。

● 茄子切好後要泡入放1小匙白醋的醋水中浸泡，才不會氧化變色，而且料理前先以大火炸過可以鎖住顏色。

● 這道菜中加了太白粉水，可以包裹住味道，燉煮時間不需太長就很有味道。

四季肥腸

總份量
3人份

店販價
150元

材料

A 蔥段10公克、薑片10公克
　花椒粒2公克
B 肥腸1條(約200公克)
　四季豆150公克
　辣椒花10公克
　蔥花10公克、蒜頭酥2大匙

調味料

胡椒鹽1大匙

<table>
<tr><td>美味 Point</td><td>胡椒鹽可以換成孜然風味調味料，變化增添不同風味。</td></tr>
</table>

事前準備

肥腸▷煮熟▷切條
大腸頭處理乾淨，放入鍋中，加入材料A、淹過大腸頭的水，煮滾後轉中小火煮約1小時，至筷子可穿過，撈起瀝乾，切成長5cm的長段(詳細處理方法請參見p.16)。

四季豆▷切長段
四季豆去兩側莢膜，切成4cm長段。

★烹調開始

起油鍋，加熱至油溫升高到180℃，放入四季豆，以大火炸30秒，撈起瀝乾。

原油鍋以大火加熱至180℃，放入肥腸，以大火炸約30秒，撈起瀝乾。

炒鍋中倒入1大匙油燒熱，放入辣椒花和蔥花，以中小火爆香，加入炸好的四季豆及肥腸，轉大火拌炒均勻。

拌入胡椒鹽，撒上蒜頭酥再次炒勻即可。

五更腸旺

總份量
4人份

店販價
150元

材料

A 新鮮大腸200公克、鴨血100公克
鹹菜心50公克、蒜苗片20公克、
B 薑片6片、辣椒片1大匙、花椒1小匙、八角2顆

調味料

A 大骨高湯1杯(見p.23)
B 蠔油2大匙、米酒2大匙、糖1大匙
鹽1/2小匙、雞粉1/2小匙
C 太白粉1大匙、水2大匙
D 香油1/2大匙

事前準備

大腸 ▷ 洗淨 ▷ 煮軟 ▷ 切段
大腸利用筷子翻面，用麵粉搓揉後再洗淨，翻回正面。用熱水煮軟(約需煮1小時)，再切成小段。 (詳細處理方法請參見p.16)。

鴨血 ▷ 切塊
鴨血斜切小塊。

鹹菜心 ▷ 切片 ▷ 汆燙
鹹菜心切片，用滾水汆燙撈起。

調味料C ▷ 拌勻
調味料C拌勻成太白粉水。

★ 烹調開始

炒鍋內放入2大匙油，用中小火先爆香材料B。

倒入高湯，以大火煮開。

再放入大腸、鴨血、鹹菜心和蒜苗略拌炒勻，加入調味料B拌勻，一起煮至湯汁微收乾。

倒入太白粉水
芶芡,最後滴
入香油即可。

● 大腸頭可買已處理好的、熟的,可省去處理功
　夫。大腸可用麵粉搓揉,也可用汽水清洗,以
　洗去黏滑液。

● 加蠔油除了可提鮮,也可去除大腸頭、鴨血的
　腥味。

● 材料也可將大腸頭、鴨血換成臭豆腐,做成麻
　辣臭豆腐。

● 冬天是蒜苗產季所以可用蒜苗,夏天蒜苗價錢
　飆高,則用蔥替代比較便宜。

● 勾芡的太白粉水,粉與水的比例為1:2或1:3
　皆可,稠度可視鍋中湯汁收乾狀態自行調整。

南煎豬肝

總份量
6人份

店販價
100元

材料

豬肝200公克、蒜末2大匙
辣椒末1支量(約10公克)
蔥末1/2支量(約10公克)
香菜葉少許

調味料

A 醬油2大匙、胡椒粉1小匙
　木瓜粉1/2小匙、太白粉1大匙
B 烏醋2大匙、米酒1小匙
　糖2大匙
C 香油1小匙

事前準備

豬肝 ▷ 漂水 ▷ 切片 ▷ 醃漬

將豬肝放入大碗中,用流動的水漂到都沒有血水,切長條
後對切再切斜片,再用調味料A醃30分鐘。

美味 Point
● 豬肝要選粉肝,較滑嫩,如果是鐵肝(台語柴肝),顏色比
　較暗。
● 醃豬肝時也可先加一些蒜末,可壓腥味。
● 此道屬於中國南方閩南菜系的一種,要趁熱吃,若放太久
　冷掉,肝臟的水會生出,口感會變差。

★烹調開始

1 起油鍋,加熱至
油溫160℃,放
入已醃好的豬肝
片,轉大火炸約
30～40秒至浮起
熟後取出。

2 鍋內放入1小匙
油燒熱,用中小
火炒香蒜末、辣
椒末及蔥末。

3 再加入調味料B
煮至滾。

4 放入作法1的豬
肝片,用大火快
炒至收汁後淋上
香油,盛盤,放
上香菜葉即可。

蒜泥白肉

總份量
4人份

店販價
120元

材料

豬五花肉250公克
小黃瓜1/2根、嫩薑15公克
辣椒片1大匙、蒜末2大匙

調味料

醬油膏2大匙、糖2大匙
香油1大匙

美味 Point
豬五花肉用筷子插入，能穿透即表示熟透了。

事前準備

豬五花肉 ▷ 汆燙 ▷ 試熟度 ▷ 切片
豬五花肉放入滾水中汆燙，用筷子戳入測試熟度，確認熟後取出切片。

小黃瓜 ▷ 切絲
小黃瓜切去頭尾，先切片再切絲。

嫩薑 ▷ 切絲
將嫩薑先切片再切絲。

★ 烹調開始

調味料放入碗中，加入辣椒片及蒜末，用湯匙拌勻成蒜泥醬。

取一盤，將五花肉片排放整齊，放上小黃瓜絲及薑絲，最後淋上作法1的蒜泥醬即成。

薑絲大腸

總份量
6人份

店販價
180元

材料

汆燙過的大腸1條(約160公克)
鹹菜心3片、嫩薑絲30公克
蒜末1大匙、辣椒花15公克
蔥段1/2支量(約15公克)

調味料

醬油膏2大匙、糖1小匙、白醋2大匙

美味 Point
傳統市場賣的汆燙好的大腸,買回要再燙煮1次,須煮至用筷子可刺穿狀態即可使用。

事前準備

大腸▷切段
大腸切3cm段。

鹹菜心▷切細絲
鹹菜心比較厚的,橫向片成薄片後,再切細絲。

★烹調開始

I 煮滾一鍋水,汆燙鹹菜絲至軟,撈起瀝乾。

2 放入大腸,燙煮至可用筷子刺穿的軟度,撈起瀝乾。

3 鍋內放入1大匙油燒熱,用中小火炒香蒜末、辣椒片和蔥段,再放入嫩薑絲。

4 放入汆燙好的鹹菜絲和大腸,用中火炒勻後加入所有調味料,轉大火炒勻即成。

麻油腰花

總份量
4人份

店販價
180元

材料

豬腰1副、秀珍菇80公克、老薑片30公克、枸杞1/2大匙

調味料

A 黑麻油3大匙
B 米酒100cc、水400cc、醬油膏2大匙、雞粉1大匙

事前準備

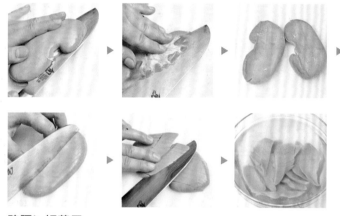 

豬腰▷切花刀
從豬腰中間切半,再分次將內部白色結締組織切除後,翻面
先直切刀紋不切斷,再片成片狀,泡在水中。

枸杞▷泡水
枸杞放入水中泡至漲開。

★烹調開始

 豬腰放入滾水
中汆燙30秒
後撈起。

 豬腰澆淋冷水
後,再浸泡在
冷水中備用。

 鍋中倒入3大
匙黑麻油,燒
熱後放入老薑
片,以中小火
爆香至薑片變
半透明。

● 豬腰上的內部白色結締組織要切除乾淨,不然會有尿騷味,可請豬肉攤販代為處理。

● 切好的腰花泡水,除可去除腥味外,還可以保持含水量。

● 燙好的豬腰有血水及其他的礦物質,泡水是避免跟空氣接觸而產生氧化變黑的現象,最重要的是,餘溫會繼續熟化,所以必須泡在冷水裡降溫。

● 這道麻油腰花有加醬油膏是快炒店的作法,味道比較重,可用來拌飯,若自家食用也可不加。

加入調味料B拌勻,以大火煮至醬汁滾。

放入秀珍菇和枸杞煮至滾,再放入豬腰,再次煮滾即可起鍋。

芹菜炒豬肚

總份量
6人份

店販價
180元

材料

熟豬肚200公克、芹菜200公克
蒜苗100公克、蒜片10公克
薑片30公克、辣椒花10公克

調味料

黃豆醬1大匙、辣椒醬1大匙
蠔油1大匙、雞粉1大匙
米酒1大匙、胡椒粉1/2小匙
香油1大匙、白醋1小匙

事前準備

熟豬肚▷切絲
熟豬肚切0.3cm
絲狀。

芹菜▷切段
芹菜切成3cm長
段。

蒜苗▷切斜片
蒜苗切斜片。

★ 烹調開始

1 鍋中倒入1大
匙油，燒熱後
放入蒜片、薑
片和辣椒花以
中小火爆香，
加入黃豆醬、
辣椒醬及蠔油
炒出香味。

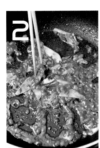
2 加入雞粉、
酒及胡椒粉
再次炒勻。

3 再加入豬肚
和芹菜，以
大火炒拌均
勻。

4 放入蒜苗翻炒
均勻。

5 最後再淋上
香油、白醋
翻炒均勻即
可。

美味 Point

這道菜是最傳統的熱炒之
一，原本只用鹽、味精、白
醋，這裡改用黃豆醬、辣椒
醬、蠔油新的方式調味，增
添不同風味。

客家炒牛肉

總份量
4人份

店販價
120元

材料

牛肉片250公克、嫩薑100公克
辣椒花10公克、蔥段10公克
九層塔葉5公克

調味料

A 蛋液1大匙、米酒1大匙
　醬油1/4小匙、太白粉1小匙
　糖1/4小匙、胡椒粉1/4小匙
　小蘇打粉1/4小匙
B 黃豆醬1大匙、蠔油1大匙
　醬油1大匙、米酒1大匙、糖1大匙
　白醋2大匙、水100cc
C 太白粉水1大匙

事前準備

牛肉片▷醃漬
牛肉片放入碗
中，加調味料
A抓拌均勻，
醃漬15分鐘。

嫩薑▷切絲
嫩薑切0.3cm絲狀。

★烹調開始

I

不沾鍋中倒入1
大匙油，放入醃
好的牛肉片，開
大火拌炒至牛肉
變色。

2

轉中火，放入嫩
薑、辣椒花和蔥
段拌炒出香味。

3

再加入所有調味
料B，轉大火拌
炒均勻，煮至醬
汁滾。

4

加入太白粉水勾
芡拌勻，放入九
層塔炒勻即可。

京燒牛肉

總份量
4人份

店販價
150元

材料

牛肉250公克、白芝麻1大匙
蔥花10公克

調味料

A 蛋液1大匙、醬油1小匙
米酒1小匙、太白粉1小匙
糖1小匙、胡椒粉1/4小匙
小蘇打粉1/4小匙
B 柴魚醬油2大匙、味醂1大匙
二砂糖1大匙、米酒1小匙
水150cc
C 太白粉水1小匙
D 七味粉1小匙

事前準備

牛肉 ▷ 切薄片 ▷ 醃漬
牛肉逆紋切薄片，放
入碗中，加入所有調
味料A抓拌均勻，醃
漬15分鐘。

★烹調開始

不沾鍋加入1大
匙油，放入醃好
的牛肉片，開大
火拌炒至變色。

依序加入所有調
味料B，續以大
火煮至醬汁滾，
再以太白粉水勾
芡拌勻。

盛入盤中，撒上
白芝麻、蔥花和
七味粉即可。

美味Point

● 牛肉要逆紋切，炒
出來的肉質口感才
會嫩，煮出來才不
會澀。
● 在家可使用不沾鍋
炒牛肉，用冷鍋冷
油入鍋炒，可取代
過油鎖住肉汁的作
法，讓炒出來的肉
口感軟嫩。

蘆筍炒牛肉

總份量
4人份

店販價
120元

材料

牛肉片150公克、蘆筍100公克
紅甜椒30公克、蒜末10公克
辣椒花10公克、蔥段10公克

調味料

A 蛋液1大匙、米酒1大匙、醬油1小匙、糖1小匙
太白粉1小匙、胡椒粉1/4小匙、小蘇打粉1/4小匙

B 醬油1小匙、蠔油2大匙、糖1大匙、米酒1大匙
胡椒粉1/4小匙、水50cc

C 太白粉水1大匙

事前準備

牛肉片 ▷ 醃漬
牛肉片放入碗中,加
入所有調味料**A**抓拌
均勻,醃漬15分鐘。

蘆筍 ▷ 切長段
蘆筍削去外層老
皮,切成4cm長
段。

紅甜椒 ▷ 切長段
紅甜椒切成4cm
長段。

美味 Point
牛肉可以換成雞肉,蘆
筍也可以換成芹菜。

★ 烹調開始

蘆筍放入滾水
中,以大火煮
1分鐘,撈起
瀝乾。

不沾鍋中倒入
1大匙油,放
入醃好的牛肉
片,以大火拌
炒至變色。

放入蒜末、辣
椒花及蔥段,
以中火拌炒出
香味,加入調
味料**B**。

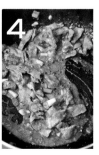
轉大火拌炒均
勻，煮至醬汁
變稠。

放入蘆筍及紅
甜椒，續以大
火拌炒均勻，
再以太白粉水
勾芡即可。

酸白菜炒牛肉

總份量
4人份

店販價
180元

材料

牛肉200公克、酸白菜200公克
蒜末10公克、辣椒花10公克
蔥段10公克

調味料

A 蛋液1大匙、米酒1大匙
　醬油1小匙、太白粉1小匙
　糖1/4小匙、胡椒粉1/4小匙
　小蘇打粉1/4小匙

B 蠔油2大匙、雞粉1小匙
　糖1小匙、米酒1大匙
　胡椒粉1/4小匙、水100cc

C 白醋1大匙

美味Point
● 酸白菜要先汆燙過，
　煮起來才不會太酸。
● 牛肉可改用豬後腿肉
　或雞肉片來炒。

事前準備

牛肉 ▷ 切條 ▷ 醃漬
牛肉逆紋切成寬1cm的條狀，依序加
入所有調味料A拌勻，醃漬15分鐘。

酸白菜 ▷ 切塊
酸白菜切去蒂頭
後切塊狀。

★ 烹調開始

1
酸白菜放入滾水
中汆燙，撈起瀝
乾。

2
不沾鍋中倒入1大匙
油，放入醃好的牛
肉條，以大火拌炒
至變色。

3
放入蒜末、辣椒花及蔥
段，以中火拌炒出香味，
加入所有調味料B，轉大
火煮至湯汁略滾。

4
放入酸白菜拌炒
均勻，再加入白
醋炒勻即可。

翠香牛肉

總份量 **3**人份

店販價 **150**元

材料

牛後腿肉150公克、香菜根30公克
芹菜根40公克、乾辣椒片10公克
豆豉1大匙、蒜末1小匙

調味料

A 醬油1大匙、蛋1/2個
　　太白粉2大匙、香油1大匙
B 蠔油1大匙、米酒1小匙
　　糖1小匙、水40cc

事前準備

牛肉 ▷ 切片 ▷ 醃漬
牛肉逆紋切片，加調味料**A**醃5分鐘入味。

香菜根 ▷ 切末
香菜根切末。

芹菜根 ▷ 切末
芹菜根切末。

★烹調開始

牛肉片中加入少許冷油拌開，再放入160℃油鍋中過油炸熟，撈起瀝乾。

鍋內放入1大匙油燒熱，用中小火炒香蒜末、豆豉、乾辣椒片、香菜末及芹菜末。

加入作法1炸熟的牛肉片及調味料**B**，用大火快炒均勻即可。

美味 Point

牛肉片下鍋前加冷油，入鍋炸時較易散開，可讓牛肉片片分離，不易黏成一團。

雪菜牛柳

總份量
4人份

店販價
150元

材料

牛柳200公克、雪裡紅150公克、真空沙拉筍50公克
鮮香菇50公克、蒜末10公克、辣椒花10公克

調味料

A 蛋液1大匙、米酒1大匙、醬油1小匙、太白粉1小匙
糖1/4小匙、胡椒粉1/4小匙、小蘇打粉1/4小匙

B 醬油1小匙、蠔油1大匙、糖1大匙、米酒1大匙
胡椒粉1/4小匙

C 水200cc、太白粉水1大匙、香油1大匙

事前準備

牛柳▷醃漬
牛柳放入碗中,加入
所有調味料**A**抓拌均
勻,醃漬15分鐘。

雪裡紅▷擠乾水分▷切細末
雪裡紅用水清洗兩遍,擠乾水分,先
切對半再切成細末狀。

沙拉筍▷切絲
沙拉筍切粗絲。

鮮香菇▷切片
鮮香菇去蒂頭、
切片。

★烹調開始

1 將雪裡紅、沙
拉筍和香菇一
起放入滾水中
汆燙,撈起瀝
乾。

2 不沾鍋中倒入
1大匙油,放
入醃好的牛柳
以大火拌炒至
變色。

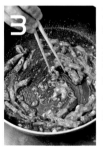

3 放入蒜末和辣
椒花,以中小
火炒出香味,
再依序加入所
有調味料**B**炒
勻,倒入水,
轉大火煮滾。

4 放入雪裡紅、沙拉筍以及香菇,續以大火拌炒均勻。

5 加入太白粉水勾芡拌勻,淋上香油即可。

美味 Point

菜類要先汆燙過再炒,除了可去酸澀味,還可以縮短烹煮時間。

空心菜炒牛肉

總份量
4人份

店販價
120元

材料

牛肉絲250公克、空心菜200公克
蒜末1大匙
辣椒片2支量(約25公克)

調味料

A 太白粉1/2大匙、米酒1大匙
　　醬油1大匙、糖1小匙
　　雞粉1小匙
B 沙茶醬2大匙、米酒2大匙
　　鹽1/2小匙

事前準備

牛肉絲▷醃漬
牛肉絲放入大碗
中,加入調味料
A抓拌均勻,醃
10分鐘。

空心菜▷切段
空心菜切去根部
後切5cm段。

美味Point

● 醃牛肉時,也可加1/2個蛋
白較滑嫩。
● 與肉絲拌炒時,建議選擇
空心菜、蔥、芥蘭菜、高
麗菜等蔬菜,炒出的菜餚
份量較多。

★烹調開始

1 在牛肉絲中加
入少許冷油拌
開,再放入
160℃油鍋中
過油,撈起瀝
乾油分。

2 鍋內放入2大
匙油燒熱,用
中火爆香蒜末
和辣椒片,再
加入沙茶醬拌
炒。

3 熗入米酒,再
加入牛肉絲及
空心菜快速拌
炒均勻,加入
鹽,再快速拌
炒均勻即可。

蔥爆羊肉

總份量
3人份

店販價
120元

材料

羊肉片250公克
蔥段4支量(約30公克)
薑絲1大匙、蒜末1大匙
辣椒片30公克

調味料

A 太白粉1/2大匙、米酒1大匙
　　醬油膏1大匙、糖1小匙
　　雞粉1小匙
B 米酒1大匙、辣豆瓣醬1大匙

事前準備

羊肉片 ▷ 醃漬
羊肉片放入大碗
中，加入調味料
A抓拌均勻，醃5
分鐘。

美味 Point

● 拌炒方式的肉片、肉絲先過
油，使肉變成半熟狀態，是
為了縮短後續烹調時間。

● 羊肉片要過油前，先加一些
冷的沙拉油拌開(入油時就
與炸油溶入，所以不用擔心
太油膩)，可使其入油鍋時
肉片易散開滑入，也會較大
片，炒時再用大火逼出油，
肉質較滑嫩。

★ 烹調開始

1 將羊肉片放入
120～140℃
油鍋中低溫過
油，撈起瀝乾
油分。

2 鍋內放入1大
匙油燒熱，用
中小火爆香薑
絲、蒜末和辣
椒片後，再放
入蔥段一起拌
炒。

3 加辣豆瓣醬拌
炒均勻，再加
入作法1的羊
肉片炒勻，最
後熗入米酒，
轉大火逼油即
可起鍋。

烤羊小排

總份量
4人份

店販價
360元

材料

羊小排4支(約300公克)
紅蘿蔔1塊(約50公克)
洋蔥1/3個、蘋果1/3個

調味料

醬油2大匙、味酥1大匙
米酒1小匙

事前準備

紅蘿蔔 ▷ 切片
紅蘿蔔先削除外
皮,再切0.3cm
片狀。

洋蔥 ▷ 切絲
洋蔥剝除外膜,
先切片再切絲。

蘋果 ▷ 切片
蘋果去籽,帶皮
切薄片。

★ 烹調開始

1 調味料倒入
深盤,加入
紅蘿蔔片、
洋蔥絲及蘋
果片混勻。

2 放入羊排醃
漬。

3 然後蓋上保
鮮膜,將羊
小排放入冰
箱冷藏醃漬
1天。

4 烤盤鋪上鋁
箔紙,塗上
一層薄沙拉
油,從冰箱
取出羊小排
排放在烤盤
上。

5 放入已預熱
至180℃的烤
箱中,烤30
分鐘至熟,
取出即可食
用。

美味 Point

● 羊小排不要買到有退冰
的,要紅肉一點,如色
白則表示已退冰再冷凍
的,故血水跑出來了。

● 紅蘿蔔片、洋蔥絲、蘋
果片也可放入果汁機中
攪打均勻,再與調味料
混合來醃羊小排。

南乳雞翅

總份量
4人份

店販價
100元

材料

A 翅小腿8隻
　馬鈴薯300公克
　香菜梗末20公克
B 蔥末10公克
　薑末10公克、蒜末10公克

調味料

A 紅麴腐乳醬1大匙
　米酒1大匙、糖1小匙
B 地瓜粉100公克

事前準備

紅麴腐乳醬
▷壓碎
紅麴腐乳醬用湯匙壓碎。

馬鈴薯▷泡鹽水
馬鈴薯去外皮，切成長段後泡鹽水，直到要用時取出。

翅小腿▷劃刀
翅小腿中間劃一刀，至可看見骨頭的深度。

翅小腿、馬鈴薯▷醃漬
兩者加入所有調味料A及蔥末、薑末、蒜末，用手抓拌均勻，醃10分鐘。

翅小腿▷裹粉
取出醃好的翅小腿，均勻的沾裹上地瓜粉，靜置到反潮。

美味 Point

● 雞翅要劃到能看見骨頭，醃漬才會入味，而且油炸過程也容易炸熟。
● 馬鈴薯切好後要泡鹽水避免氧化，也可以泡醋水，水和醋的比例是50：1。
● 紅麴腐乳醬若買不到，就用一般的豆腐乳代替。
● 也可用雞塊或雞腿來做。

★烹調開始

起油鍋，加熱至油溫升高到160℃，放入沾好粉的翅小腿、醃好的馬鈴薯，以大火炸至浮起，撈起瀝乾。

油鍋以大火加熱至180℃，放入作法1的翅小腿再炸第二次，至外表酥脆金黃色，撈起瀝乾。

盤中放入炸好的馬鈴薯條及雞翅，撒上香菜梗末即可。

椒麻雞

總份量 **4**人份

店販價 **120**元

材料

雞腿肉(肉雞)1隻、洋蔥60公克、紅蔥酥5公克
花椒粒10公克、蒜末10公克、辣椒末5公克
香菜段10公克

調味料

A 蛋液1大匙、水1大匙、米酒1小匙、鹽1/4小匙
胡椒粉1/4小匙、麵粉2大匙
B 醬油1大匙、糖1/2大匙、白醋1大匙、檸檬汁1大匙
C 香油2大匙

事前準備

雞腿肉▷醃漬
雞腿肉放入大碗
中,加入所有調
味料A抓勻,醃5
分鐘。

洋蔥▷切末
洋蔥先縱切細條
狀,再轉向橫切
成末。

美味 Point

雞腿肉因為肉質厚實,
要用「泡熟」的方式來
炸,所以是用溫油炸,
才不會一放入油鍋中表
面就炸熟,裡面未熟。

★ 烹調開始

1

將洋蔥末、紅蔥
酥、蒜末、辣椒
末、香菜段及所
有調味料B混合
拌勻。

2

鍋中倒入香油燒
熱,放入花椒粒
以小火爆香。

3

倒入作法1的醬
汁中拌勻。

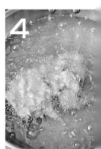

4

起油鍋,加熱油
溫至120℃,放
入已醃好的雞腿
肉,以中火炸至
浮起撈起。

5

原油鍋以大火加熱
至180℃，放入作
法4的雞腿再炸第
二次，炸約30秒至
外表酥脆金黃色，
撈起瀝乾。

6

炸好的雞腿肉切
成條狀，放入盤
中。下方也可墊
上高麗菜絲(見
p.100)。

7

淋上作法3的醬
汁即可。

蔥油鵝腸

總份量
4人份

店販價
120元

材料

鵝腸250公克、銀芽100公克、榨菜20公克、蔥絲10公克
薑絲10公克、辣椒絲10公克、香菜梗段10公克

調味料

A 水100cc、魚露2大匙、糖1大匙、米酒1大匙
B 粗粒黑胡椒1/2小匙、香油2大匙

事前準備

銀芽▷泡水
銀芽放入水中浸泡，
直到要用時取出。

香菜梗▷泡水
香菜梗放入水中
浸泡，直到要用
時取出。

辛香料▷泡水
辛香料泡水，直
到要用時取出。

鵝腸▷切長段
鵝腸整個拉起順
一下，切成7cm
的長段。

榨菜▷切絲
榨菜先切片、再
切絲。

美味 Point

● 市面上買到的鵝腸都是
已經處理過，可以省去
清洗時間。鵝腸汆燙後
要放入冷水浸泡，可降
低溫度避免繼續熟化，
煮出來的腸子才會脆。
● 銀芽泡水可避免氧化變
色；蔥絲、薑絲、辣椒
絲等辛香料泡水，則可
以去辛辣味及黏滑液。

★烹調開始

銀芽放入滾水
中汆燙後撈出
瀝乾裝盤，續
放入榨菜絲汆
燙，撈出瀝乾
放在銀芽上。

待水滾後，再
放入鵝腸汆燙
至捲起。

鵝腸泡入冷開
水中10分鐘，
撈出放在作法
1盤上，再放
上瀝乾的辛香
料。

鍋中放入調味料A，以大火煮滾，淋在作法3盤上，再撒入粗粒黑胡椒。

另起鍋，加入2大匙香油，以中火加熱至油溫200℃，淋於辛香料上即可。

鹹菜鴨腸

總份量
4人份

店販價
140元

材料

鴨腸200公克、鹹菜心80公克
薑絲50公克、辣椒絲10公克

調味料

A 鹽1/2大匙、糖1/2大匙
　白醋1/2大匙
B 香油1/2大匙

美味 Point

● 鴨腸燙過再漂冷水，煮的時候才
　不會愈煮愈縮小，且能去腥。
● 鹹菜心先汆燙過水，可避免味道
　過分死鹹。

事前準備

鴨腸▷切段
鴨腸切4cm
小段。

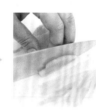

鹹菜心
▷去除老葉▷切粗絲
鹹菜心去除尾部老葉
後切粗絲。

★ 烹調開始

鹹菜心絲放入滾
水中汆燙，撈出
沖水漂涼瀝乾。

鴨腸放入滾水中
汆燙，撈出後沖
水漂涼瀝乾。

鍋中放入1大匙
油燒熱，用中小
火爆香薑絲和辣
椒絲。

加入鹹菜心絲及
鴨腸段略拌勻，
再加入調味料A
拌炒均勻(約15
秒)，起鍋前淋
上香油即可。

快炒
海鮮料理

利用短時間的快速烹調，
最大值地鎖住海鮮的鮮、香、甜，
無論是蒸、炒、炸、煮，
掌握了流暢的作法和火候，
就能做出不失口感、原汁原味的海味料理。

五味炸花枝

總份量
3人份

店販價
100元

材料

花枝200公克、高麗菜50公克、香菜末10公克
蔥末10公克、薑末10公克、蒜末10公克、辣椒末15公克

調味料

A 蛋液1個份、地瓜粉50公克
B 蕃茄醬1大匙、醬油膏1大匙、烏醋1大匙
　二砂糖1大匙、香油1/2小匙

事前準備

花枝▷切條▷裹粉
在花枝的內面切斜紋，再切垂直斜紋，都不切斷，切長
條，均勻沾裹上蛋液後，沾上地瓜粉，靜置到反潮。

高麗菜▷切細絲▷泡冰水
高麗菜切成細絲，泡入冰
水中，直到要用時取出。

美味 Point

● 所謂的五味醬是指用蔥、薑、蒜、辣椒和香菜五種辛香
料，搭配調味料調出來的醬汁，多搭配海鮮類食用。各
種材料的用量並沒有一定的準則，依照個人口味做調整
即可。
● 第一次炸是定型、上色，而第二次油炸則是逼油，炸出
來的花枝也會更酥脆。
● 花枝也可換成蝦仁來炸。
● 高麗菜泡過冰水後會比較脆和甜，也可換成萵苣葉或是
其他的生菜葉。

★烹調開始

將香菜末、蔥
末、薑末、蒜
末、辣椒末及
所有調味料**B**
放入碗中拌均
勻，即為五味
醬。

起油鍋，加熱
炸油油溫升高
至170℃，放
入花枝，以大
火炸至浮起後
撈出。

原油鍋以大火加熱至180℃，放入花枝再炸第二次，炸約30秒至外表酥脆金黃色，撈起瀝乾。

盤上放高麗菜絲，再放上的炸花枝，五味醬置入盤子邊上或裝小碟上均可。

五味小章魚

總份量
4人份

店販價
140元

材料

A 小章魚300公克
B 蔥末1大匙、薑末1/2大匙
　蒜末1/2大匙、辣椒末1/2大匙
　香菜末1大匙

調味料

蕃茄醬1大匙、醬油膏2大匙
烏醋1大匙、香油1大匙
二砂糖1大匙

★ 烹 調 開 始

取一大碗，放入
材料B與調味料
混合拌勻成五味
醬。

鍋內加水煮開，
放入小章魚煮2
分鐘至變色。

撈出小章魚，
瀝乾水分後裝
盤，搭配五味
醬食用即可。

事 前 準 備

調味料▷拌勻
調味料放入大碗
內攪拌均勻。

美味
Point

也可在煮開的水裡加蔥、薑、米酒一
起燙煮，藉以去除腥味，此種烹調方
法稱為「白勺」，多用於海鮮類。

椒鹽小管

總份量
3 人份

店販價
150 元

材料

小管200公克、蒜頭酥15公克
蒜末10公克、辣椒花10公克
蔥花20公克

調味料

胡椒鹽1大匙

事前準備

小管 ▷ 切塊
小管拔掉頭部，抽出中骨，在頭部斜切
2刀，取下眼睛後，身體斜切2刀，洗淨
瀝乾。

美味 Point

● 起鍋前再加入蒜頭酥，
不會因加熱過頭而使蒜
頭酥變苦。

● 市面上賣的小管很多都
已經煮熟了，但是要做
這道菜之前，必須先經
過汆燙，以去除大量的
鹽分。

● 這道料理也可改用魷魚
嘴(龍珠)來做。

★ 烹調開始

起油鍋，加熱油
溫至180℃，放
入小管，以大火
炸至表面酥脆金
黃，撈起瀝乾。

鍋中倒入1大匙油
燒熱，放入蒜末、
辣椒花及蔥花，以
中小火爆香，放入
炸好的小管及胡椒
鹽，轉大火拌炒均
勻，加入蒜頭酥拌
勻即可。

生炒花枝

總份量 **4**人份

店販價 **150**元

材料

花枝300公克、洋蔥1/4個、黑木耳50公克
紅蘿蔔30公克、蔥段30公克、薑片15公克
辣椒斜片10公克

調味料

A 白醋2大匙、糖1大匙、雞粉1小匙、鹽少許
B 太白粉1又1/2大匙、水3大匙
C 香油1/2大匙

事前準備

花枝▷切梳形片
花枝切直刀紋,再切成梳形片(詳細流程請參見p.18)。

洋蔥▷切片
洋蔥直切2刀,再對切成片。

黑木耳▷切片
黑木耳切粗片。

紅蘿蔔▷切片
紅蘿蔔先削除外皮,再切0.3cm片狀。

調味料B▷調勻
調味料B放入碗中,調勻成太白粉水。

美味 Point

● 喜歡醋味重者,起鍋前可再滴幾滴烏醋,吃的時候會較香。

● 此種烹調方式適合花枝腳、透抽、三鮮、雙脆(花枝與魷魚)…等,將口味做成酸酸甜甜的海鮮類料理。採買時可購買口感與花枝相近的進口阿根廷魷魚,價格上較便宜。

● 勾芡的太白粉水,粉與水的比例為1:2或1:3皆可,稠度可視鍋中湯汁收乾狀態自行調整。此道料理煮至像洗髮精狀態的稠度即可。

★烹調開始

鍋內放入2大匙油燒熱,用中小火爆香蔥段、薑片及辣椒片,再放入洋蔥片炒香。

放入花枝片和紅蘿蔔片,炒至花枝有點捲曲,再放入木耳片拌炒,再加入1又1/2杯水(份量外)及調味料A拌炒均勻。

煮約2分鐘,將太白粉水再攪拌後倒入勾芡,起鍋前滴入香油即可。

辣炒魷魚

總份量
4人份

店販價
140元

材料

發泡魷魚300公克、芹菜80公克、紅蘿蔔30公克
蔥段50公克、薑片30公克

調味料

辣豆瓣醬1大匙、醬油膏2大匙、糖1大匙
米酒3大匙、烏醋1/2大匙、香油1小匙

事前準備

魷魚▷切梳形片
魷魚去除中骨，去皮膜後對切，再切斜刀片(詳細流程請參見p.17)。

芹菜▷切段
芹菜切3cm段。

紅蘿蔔▷切片
紅蘿蔔先削除外
皮，再切0.3cm
片狀。

> 美味Point
> ● 乾魷魚泡發約需7～8小時的處理時間，因此建議購買已發好魷魚。
> ● 香油要在起鍋前再加入會比較香。

★烹調開始

1. 鍋中倒入2大匙油燒熱，用中小火先爆香蔥段和薑片，再加入辣豆瓣醬炒勻至散發香味。

2. 加入芹菜段、紅蘿蔔片及魷魚片略拌炒，再加入香油以外的調味料，用中火拌炒均勻。

3. 拌炒至湯汁收乾，加入香油略拌勻即可起鍋。

鹹酥中卷

總份量
6人份

店販價
150元

材料

中卷1尾(約200公克)

調味料

A 鹽1/2小匙、胡椒粉1小匙
　　雞粉1/2小匙

B 蛋1個、太白粉4大匙
　　香油1大匙、水100cc

事前準備

中卷▷切梳形片
中卷拔除頭部及內臟，拉除表皮薄膜，切梳形片(詳細流程請參見p.17)。

調味料A▷拌勻
調味料A拌勻為胡椒鹽。

美味 Point

● 選購時須注意，不新鮮的中卷表皮薄膜不易去除。

● 須讓中卷分開散放入油鍋中炸，才會成色均勻且不易黏成團。

● 有使用太白粉當沾衣油炸的食材要用大火炸，否則會變成黏結在一起；另外，加香油醃會較酥脆。

★烹調開始

調味料B的蛋放入大碗中打散，加入太白粉、水及香油拌勻，再放入中卷均勻沾裹上漿。

油鍋加熱至油溫160℃，放入作法1的中卷，用大火炸約3分鐘至呈金黃色。

撈出瀝乾油分後，搭配胡椒鹽食用即可。

香辣中卷

總份量
4人份

店販價
100元

材料

中卷350公克、蒜花生10公克
蒜末10公克、辣椒花10公克
蔥花10公克、香菜段10公克

調味料

A 蛋液2大匙、地瓜粉100公克
B 胡椒鹽1/4小匙、辣椒粉1/4小匙

事前準備

中卷▷切圓圈▷裹粉
中卷切0.5cm的圈狀，先加入蛋液拌勻，再裹上地瓜粉，靜置到反潮(詳細流程請參見p.17)。

美味 Point

● 若不會處理整隻中卷，可請攤販代為處理，甚至可直接切好。
● 中卷要先沾上蛋液，再裹地瓜粉，這樣粉才可附著得上。
● 這道料理可以將中卷改成米血糕來做。

★ 烹調開始

起油鍋，加熱油溫升至170℃，放入裹好粉的中卷，以大火炸至浮起，外觀金黃，撈起瀝乾。

原油鍋以大火加熱至油溫180℃，放入中卷再炸第二次，炸約30秒至外表酥脆金黃色，撈起瀝乾。

鍋中倒入1大匙油燒熱，放入蒜末、辣椒花及蔥花，以中小火爆香，放入中卷、蒜花生、香菜及調味料**B**，轉大火拌勻即可。

鹹蜆仔

總份量
4人份

店販價
100元

材料

蜆仔200公克、薑絲1/2大匙
蒜末1/2大匙、辣椒花1/2大匙

調味料

水1杯、醬油2大匙、米酒2大匙
糖1/2大匙

事前準備

蜆仔▷洗淨吐沙
蜆仔洗淨放入大碗中，注入清水蓋
滿蜆仔，浸泡2小時使其吐沙。

美味
Point

● 鹹蜆仔約可冷藏保存1星期。
● 浸泡醃製時可加些話梅，醃出來的鹹蜆仔
  比較不會死鹹，1斤份量的蜆仔約使用5顆
  話梅。
● 較傳統的作法，是將蜆仔直接用醃汁(調
  味料)醃泡至開口後食用。

★烹調開始

1.

蜆仔放在碗裡，以隔
水加熱的方式煮至蜆
仔略開口後，迅速將
碗取出。

2.

調味料中的水煮開，
再加入醬油、米酒和
糖，用湯匙攪拌略煮
一下，熄火待涼。

3.

待醬汁涼後盛入大碗
中，再放入薑絲、蒜
末和辣椒花，整碗倒
入作法1內。

4.

用保鮮膜覆蓋包
起，放入冰箱中
冷藏1天，浸泡
入味即可食用。

炸蚵仔酥

總份量
4人份

店販價
160元

材料

蚵仔250公克、九層塔20公克

調味料

A 地瓜粉1杯
B 鹽少許、胡椒粉1小匙
　雞粉1/2小匙

事前準備

蚵仔▷裹粉
蚵仔洗淨後瀝乾水分,取一平盤,鋪上地瓜粉,用筷子逐一夾入蚵仔,使均勻沾裹上地瓜粉。

調味料B▷拌勻
調味料B拌勻成胡椒鹽。

美味 Point

● 裹粉的技巧:將瀝乾蚵仔放入鋪有地瓜粉的盤中,再將地瓜粉覆蓋在蚵仔上,使裹上較厚的粉衣,如此炸的蚵仔才會酥。若將地瓜粉倒入蚵仔中,地瓜粉易被水溶化而使量不足。

● 另有一種胡椒鹽配方,是先用乾鍋將花椒及鹽炒香,待涼再與胡椒粉及高鮮味精調勻。

★烹調開始

1 起油鍋,加熱至160℃,放入蚵仔炸至熟表面金黃,撈起瀝乾油分後裝盤。

2 原鍋再放入九層塔炸一下,撈起瀝油,擺在炸蚵仔酥盤邊,搭配胡椒鹽食用即可。

蒜泥鮮蚵

總份量
4人份

店販價
180元

材料

蚵仔300公克、蒜苗1/2支量
薑末1大匙、蒜末2大匙

調味料

A 地瓜粉3大匙
B 醬油膏1大匙、醬油1小匙
　　糖1小匙、香油1小匙

事前準備

蚵仔▷加鹽抓洗
蚵仔放入大碗中注入清水，加少許鹽巴
抓洗2秒鐘後，再快速沖洗乾淨，瀝乾
水分。

蒜苗▷切粒
蒜苗切粒。

美味 Point

● 鮮蚵用鹽洗除黏膜，須在瞬
間完成，因蚵仔碰到鹽會脫
水變小，所以要盡量快速洗
去鹽分。
● 此道吃時要拌開，使蚵仔均
勻沾上醬汁。

★烹調開始

蚵仔外表均勻
沾裹地瓜粉。

煮滾一鍋水，
放入作法1蚵
仔汆燙2～3
分鐘至熟，撈
出瀝乾，盛盤
後再鋪放上蒜
苗粒。

調味料**B**及薑
末、蒜末攪拌
均勻，淋在作
法2上即成。

油條鮮蚵

總份量
4人份

店販價
160元

材料

蚵仔200公克、油條1/2條、絲瓜100公克
蒜末10公克、辣椒花10公克

調味料

A 樹子1大匙、黃豆醬1大匙、蠔油1大匙、水200cc
雞粉1小匙、米酒1大匙、胡椒粉1/4小匙
B 太白粉水2大匙、香油1小匙

事前準備

蚵仔▷加鹽抓洗
蚵仔放入大碗中注入清水，加少許鹽
巴抓洗2秒鐘後，洗淨並去除碎殼，
瀝乾水分。

油條▷切段
油條切成2cm長
段。

絲瓜▷切半圓形
絲瓜去皮，從中間剖
開後，切成0.5cm寬
的半圓形。

美味Point

煮蚵仔一定要先氽燙或煮
過，否則蚵仔烹調過程會出
水，影響味道。

★ 烹調開始

起油鍋，加熱
至油溫升高
到180℃，放
入油條以大火
炸1分鐘至定
型，撈起瀝乾
後盛盤。

絲瓜放入滾水
中氽燙，撈出
後放在炸好的
油條上。

蚵仔放入作法
2的滾水中，
轉小火煮約30
秒，撈起瀝乾
水分備用。

鍋中倒入1大匙油燒熱,放入蒜末和辣椒花,以中小火爆香,加入所有調味料A,轉大火煮至醬汁滾。

放入蚵仔炒拌均勻,再加入太白粉水勾芡拌勻。

盛在作法2的盤中,淋上香油即可。

蚵仔炒蛋

總份量
4人份

店販價
160元

材 料

蚵仔250公克、蛋2個、蔥花50公克
蒜末10公克、薑末10公克

調 味 料

A 太白粉水2小匙
B 粗粒黑胡椒1小匙、蠔油2大匙
　　糖1大匙、米酒1大匙
　　雞粉1小匙、水100cc

事 前 準 備

蚵仔▷加鹽抓洗
蚵仔放入大碗中注入清水,加少許鹽
巴抓洗2秒鐘後,洗淨並去除碎殼,瀝
乾水分。

蛋▷打散
蛋打入容器中,加
入調味料A拌勻。

★烹調開始

蚵仔放入滾水
中,關火浸泡
1分30秒,撈
起瀝乾備用。

鍋中倒入2大
匙油燒熱,加
入蒜末及薑末
後以中小火爆
香,加入所有
調味料B,轉
大火煮到滾。

放入蚵仔略炒
一下,倒入蛋
液,續以大火
炒至蛋半熟,
放入蔥花,再
次拌勻即可。

炒螺肉

總份量
6人份

店販價
140元

材料

螺肉300公克、洋蔥1/4個
蔥段3支量(約50公克)
薑絲30公克、蒜末10公克
辣椒片10公克、九層塔50公克

調味料

鹽1/2小匙、糖1大匙、雞粉1小匙
醬油1大匙、米酒3大匙、香油1大匙

事前準備

螺肉▷汆燙
螺肉放入滾水中
汆燙1分鐘即取
出,過冷水。

洋蔥▷切絲
洋蔥切去頭尾後
切絲。

美味
Point

● 加調味料時,每放入一種要拌至味道出來後
再放下一種,尤其糖要煮至融化,味道層次
才會出來。
● 螺肉建議購買冷凍真空包(約2公斤1包),冷凍
螺肉已經是熟的,解凍後汆燙的目的是為了
去除腥味。
● 螺肉汆燙去腥及拌炒的時間一定要快速,否
則螺肉會變硬、口感變差。過冷水可避免因
溫度持續熟化使肉質變老。

★烹調開始

鍋中倒入2大
匙油燒熱,放
入洋蔥絲、蔥
段、薑絲、蒜
末及辣椒片用
中小火爆香。

加入螺肉,再
依序加入全部
調味料,用大
火快速翻炒均
勻。

最後放入九層
塔拌炒均勻即
可起鍋。

塔香海瓜子

總份量
4人份

店販價
160元

材料

海瓜子500公克(約22個)
九層塔50公克、蔥段50公克
薑絲30公克、蒜末1大匙
辣椒片15公克

調味料

鹽少許、糖1大匙、雞粉1小匙
烏醋2大匙、米酒3大匙

事前準備

海瓜子▷泡水吐沙
海瓜子洗淨,放入大碗中,加水蓋過海瓜子,浸泡2小時待吐沙後取出洗淨。

美味 Point

● 海瓜子先汆燙至殼一開(約一半量)即撈起,一來可縮短後續烹調時間,二則能減少腥味,倘若之前吐沙吐得不夠乾淨,也可以使這些殘留的沙留在汆燙的水裡。

● 也可以換成蛤蜊和蜆仔來煮,喜好重口味的可自行調整辛香料及調味料。

● 選購海瓜子時互敲有清脆聲音即表新鮮,如煮時殼不會打開就不要吃了,表示已臭掉,如強硬剝開會讓整道菜都有異味。

★ 烹調開始

1
將海瓜子放入滾水中,汆燙至一半量的殼打開再次吐沙後,迅速取出。

2
鍋中倒入2大匙油燒熱,放入蔥段、薑絲、蒜末及辣椒片,用中小火爆香。

3
加入海瓜子後再依序加入全部調味料,用大火快速翻炒均勻。

4
蓋上鍋蓋燜煮1分鐘。放入九層塔以大火炒勻即可。

絲瓜蛤蜊

總份量
4人份

店販價
140元

材料

絲瓜2/3條(約400公克)
蛤蜊300公克
蔥末2支量(約20公克)、薑末1大匙

調味料

大骨高湯1杯(見p.23)
鹽少許、雞粉1小匙、香油1/2大匙

事前準備

蛤蜊▷吐沙
蛤蜊洗淨,放入大碗中,加水蓋過浸泡2小時,待吐沙後取出洗淨。

絲瓜▷削皮▷切斜片
絲瓜削皮、去尾部,先對切兩次成4長條塊,再斜切成片狀。

美味 Point

● 如果鍋蓋有孔,看到冒泡表示蛤蜊開了;如果沒洞,煙從鍋邊縫冒出即表示開了。

● 絲瓜削皮須削薄一點,使瓜肉厚度增加且顏色翠綠。

● 絲瓜先過油,一是要保存絲瓜的甜味及鎖住脆綠,另一則是先煮至半熟,可縮短後續烹調時間。

● 此道菜可搭配吸收大量湯汁的冬粉或麵線(汆燙過),做成絲瓜蛤蜊麵。

★烹調開始

起油鍋,加熱至160℃後放入絲瓜片過油,取出瀝乾油分。

鍋中加入1大匙油燒熱,放入薑末及1/2量的蔥末,用中小火爆香。

加入高湯及鹽、雞粉煮滾後,再加入蛤蜊和絲瓜片煮30秒。

蓋上鍋蓋以中火燜煮1分鐘,煮至蛤蜊全開後開蓋,加入剩餘蔥末,滴入香油略拌即可。

蒜燒魚丁

總份量
4人份

店販價
100元

材料

鯛魚肉200公克、蒜末50公克、香菇30公克
真空沙拉筍30公克、蒜苗白10公克、薑丁10公克
辣椒花10公克、蔥花10公克

調味料

A 蛋液1大匙、太白粉1小匙、鹽1小匙、雞粉1/2小匙
B 蠔油1大匙、醬油1/2小匙、糖1/2大匙
　 胡椒粉1/4小匙、米酒1大匙
C 香油1小匙

事前準備

鯛魚肉▷切丁▷醃漬
鯛魚肉切成1cm的丁狀後放入碗中,加入所有調味料A抓拌均勻,醃漬3分鐘。

沙拉筍▷切丁
沙拉筍切成1cm的丁狀。

蒜苗白▷切絲
蒜苗白對切開後切絲。

香菇▷切丁
香菇去蒂頭,切成1cm的丁狀。

美味 Point

● 炒蒜酥要以小火慢炒至外觀淺黃色後,立即撈起,因餘熱會慢慢加熱至變黃色,若炸到金黃色,則味道會變苦。

● 魚塊下鍋油炸前,可加入1大匙冷油抓勻,入鍋炸魚塊較易散開,不會黏在一起。

● 炸好的魚丁若覺得不夠酥脆,可再回炸,放回加熱至180℃的油鍋中,以大火回炸30秒,逼出油分。

★烹調開始

1 鍋中倒入2大匙油燒熱,放入蒜末,以小火炒至外觀呈淺黃色,盛出備用。

2 起油鍋,加熱至油溫升高到160℃,放入醃好的魚肉,以大火炸至浮起且外觀呈金黃色,撈起瀝乾油分。

作法1的鍋中留1大匙油，先放入薑丁及辣椒花，以中小火爆香，然後放入香菇和沙拉筍以大火炒勻，加入所有調味料B拌勻。

再放入鯛魚丁及作法1的蒜酥炒拌均勻。

最後放入蒜苗、蔥花和香油再次炒勻即可。

炸喜相逢

總份量
6人份

店販價
120元

材料

喜相逢12隻、蛋1個

調味料

A 脆酥粉3大匙、水1大匙
B 鹽少許、胡椒粉1小匙
　　雞粉1/2小匙

事前準備

 ▶ 　　

蛋▷打散▷拌成粉漿
蛋打散成蛋液，與調味料A混合拌勻成粉漿。

調味料B▷拌勻
調味料B拌勻成胡椒鹽。

美味 Point

● 市售的喜相逢已是處理清洗好的，直接使用即可。
● 粉漿也可多調入1湯匙油，油水分離可使麵衣產生酥脆感。
● 因喜相逢體積小容易炸熟，所以不需炸兩次，只炸一次即可。

★ 烹調開始

1 喜相逢放入粉漿中，使表面均勻沾裹上粉漿。

2 一一放入加熱至140℃的油鍋中炸約3分鐘，炸至浮起且外觀呈金黃色，再轉大火逼油一下。

3 撈出瀝乾後盛入盤中，再擺上盤飾(參照p.23)、搭配胡椒鹽食用即可。

鹽烤秋刀

總份量
4人份

店販價
100元

材料

秋刀魚2尾、檸檬1個

調味料

鹽1大匙

事前準備

秋刀魚▷擦乾水分▷抹鹽
秋刀魚洗淨後用紙巾擦乾水分,將鹽均勻塗抹在魚身上。

檸檬▷切1/4瓣
檸檬對切再對切成1/4瓣。

美味 Point

● 鹽烤魚類可用海鹽烘烤,味道較香。
● 魚尾、魚鰭部分鹽的沾量要多一些,這樣在烘烤過程中,魚尾較不易變形或燒焦。

★烹調開始

烤盤鋪上鋁箔紙,塗一層薄薄的沙拉油,放入秋刀魚再送進烤箱,以上下火180℃烤約15分鐘。

2

取出盛盤,食用時在秋刀魚上擠上檸檬汁即可。

烤味噌魚

總份量
4人份

店販價
100元

材料

油魚片200公克、檸檬1/4瓣、熟白芝麻1小匙

調味料

味噌2大匙、糖1大匙、米酒2大匙、味醂2大匙

事前準備

調味料▷拌勻
調味料放入大碗中，混合拌勻成味噌醬。

油魚片▷醃漬▷冷藏
油魚片浸入味噌醬中，以保鮮膜蓋起密封後放入冰箱冷藏，醃1天。

美味 Point

- 醃漬的醃料加了味醂，此作法為標準日式烤味噌魚。魚類的選擇上需選擇油脂含量較高的種類，如鮪魚、旗魚、油魚等。
- 醃的時間需要1天，是因為烤的魚片較厚，而且還要再清洗過，因此醃的時間要比一般醃肉片(15～20分鐘)要更久，才會入味。
- 醃好後將魚片清洗過再烤，可以避免醃料影響烤後的顏色(會焦黑)及亮度。

★烹調開始

從冰箱取出油魚片，洗淨醃料味噌醬。

烤盤底部鋪上鋁箔紙，抹一層薄薄的沙拉油。

擺上魚片後送入烤箱中，以上下火180℃烤30分鐘至熟。

取出烤魚片盛盤，撒上熟白芝麻。

食用時滴上檸檬汁即可。

蔭豉魚肚

總份量
4人份

店販價
180元

材料

虱目魚肚2塊(約400公克)
乾豆豉1大匙、蔥末1大匙
薑末1大匙、蒜末1大匙
辣椒末1大匙

調味料

醬油膏1/2大匙、糖1大匙
米酒3大匙、香油1大匙

事前準備

調味料 ▷ 拌勻
全部調味料放入
碗中,攪拌均勻
為蒸醬汁。

美味 Point

● 用家用蒸鍋蒸魚,1斤的魚
約需7分鐘,如營業用密閉
式蒸箱則蒸5分鐘即可蒸
熟。可用筷子戳,如果很
容易戳透的話就是蒸熟了

● 再講究一點的作法,是把
蔥、薑、蒜、辣椒末和豆
豉先用油炒過,再和調味
料拌勻,然後再放入蒸鍋
中蒸,這樣味道更香濃。

● 可換成其他適合清蒸的魚
類,如白鯧、馬頭魚、赤
鯮、銀帶、鱈魚(冷凍片)等
皆可。

★ 烹調開始

蔥末、薑末、蒜
末、辣椒末與乾
豆豉放入碗中,
攪拌均勻。

再加入調勻的蒸
醬汁混合拌勻。

虱目魚肚放在蒸
盤上,放上調勻
的作法2。

將魚肚放入蒸鍋
中,以大火蒸5
分鐘至熟即可。

樹子蒸魚

總份量
4人份

店販價
200元

材料

小黃魚2隻(約300公克)
薑絲15公克、樹子3大匙
香菜少許

調味料

米酒1大匙

事前準備

 ▶  ▶

小黃魚 ▷ 擦乾水分 ▷ 劃刀 ▷ 塗酒
小黃魚洗淨後用紙巾擦乾水分,在背部劃一刀,再用米酒塗
抹魚身。

美味 Point

● 樹子又稱為破布子,帶有鹹
鹹的甘甜味,因此魚本身並
不需要調味。
● 此配方不僅可以蒸魚,還可
以蒸絞肉,但是樹子需與絞
肉混合拌勻再入鍋蒸。
● 蒸魚的技巧是一定要用大
火,才能熟透去腥。蒸後掀
蓋觀察魚眼,如果眼睛爆凸
則表示已蒸熟。

★烹調開始

取一深盤,放
上小黃魚,再
依序擺上薑絲
和樹子。

放入蒸鍋中,
用大火蒸8分
鐘後熄火

取出,放上香
菜即可。

糖醋魚塊

總份量
4人份

店販價
160元

材料

白鯧魚(小)1隻(約250公克)
洋蔥1/4個、三色豆50公克
蔥末1大匙、薑1大匙、香菜葉少許

調味料

A 地瓜粉2大匙
B 蕃茄醬3大匙、醬油膏1大匙
　　白醋1大匙、糖1大匙
C 香油1大匙

美味 Point
● 炸魚前可先泡醋，不但可去腥味，且魚骨會
　酥軟。
● 炸至水分消失，魚則自然會浮起即是熟透。
● 可用鯛魚片等不帶魚骨的魚片取代鯧魚。

事前準備

 ▶  ▶

白鯧魚 ▷ 去頭尾 ▷ 切塊 ▷ 裹粉
白鯧魚去頭尾洗淨，先對切再分別切3塊，均勻沾裹地瓜粉。

洋蔥 ▷ 切片
洋蔥直切2刀再
對切成片。

★ 烹調開始

1 白鯧魚塊放入160～180℃油鍋中炸至浮起且呈現金黃色，撈起瀝乾油分。

2 鍋中倒入1大匙油燒熱，放入洋蔥片、蔥末及薑末以中小火爆香，加入調味料**B**，用中火煮至醬汁濃稠。

3 加入三色豆，用中火拌炒均勻，再放入炸魚塊翻炒至沾勻醬汁，盛出後淋上香油、放上香菜葉即可。

豆瓣鮮魚

總份量 **4**人份

店販價 **160**元

材料

吳郭魚1尾(約550公克)、板豆腐1塊(約80公克)
蔥末2大匙、薑末1大匙、蒜末1大匙、辣椒花1大匙
香菜少許

調味料

A 辣豆瓣醬2大匙、醬油膏1大匙、糖1大匙、米酒2大匙
B 太白粉1大匙、水2大匙
C 香油1大匙

事前準備

吳郭魚▷擦乾水分▷劃刀
吳郭魚洗淨後用紙巾擦乾水分,在魚身上斜劃2刀。

板豆腐▷切塊
板豆腐洗淨用紙巾擦乾,從中間橫向片開成兩片,再直切成塊狀。

調味料B▷拌勻
調味料B放入碗中拌勻成太白粉水。

美味 Point

● 另外還有一種作法是,將魚炸熟後裝盤,再另用一鍋將香辛料及豆腐塊煮好芶芡後,淋在魚身上。

● 吳郭魚若是買活的,可以先餓養3天,讓其排泄得更乾淨。

● 魚洗淨清腸肚後,可用牙刷將殘附在魚骨頭及魚鰓上的血塊刷洗乾淨,就比較不會有腥味,也可保存比較久。

● 勾芡的太白粉水,粉與水的比例為1:2或1:3皆可,濃稠度可視鍋中湯汁收乾狀態自行調整。

● 炸熟會浮起的食材有魚、排骨、年糕等,可以此判斷食物熟了沒。

★烹調開始

1 將吳郭魚放入160～180℃油鍋中,炸至熟透浮起,撈起瀝乾。

2 鍋內倒入1大匙油,用中小火爆香蔥末、薑末、蒜末及辣椒花,再放入辣豆瓣醬炒至有香味。

3 熗入米酒,加入醬油膏、糖和1/2杯水,用大火煮開。

再放入魚和豆腐塊,轉小火煮開並將魚翻面,煮至湯汁微乾時把魚取出盛盤。

鍋底以太白粉水芶芡,滴上香油。

作法5盛出淋在魚上,再撒上香菜即可。

紅燒魚下巴

總份量
4人份

店販價
160元

材料

鯛魚下巴300公克、蔥絲15公克
薑絲15公克、辣椒絲15公克

調味料

A 太白粉2大匙
B 醬油2大匙、烏醋1大匙、糖1大匙、米酒2大匙

事前準備

 ▶

鯛魚下巴 ▷ 擦乾水分 ▷ 撒粉
鯛魚下巴以清水洗淨,再用紙巾擦乾
水分,撒上少許太白粉。

美味 Point

- 醬油、烏醋、糖與米酒
  是海鮮紅燒的標準調味
  組合,此種紅燒法適合
  各種魚類,尤其是腥味
  較重的魚。
- 魚沾粉紅燒,受熱時粉
  自然會溶入湯汁,就會
  有稍勾芡的感覺,不用
  另外加芡汁。
- 建議購買已處理切好的
  魚下巴,整包購買較便
  宜,可節省處理時間與
  人工。

★ 烹調開始

1 鯛魚下巴放入
160~180℃
油鍋中,炸至
熟透浮起,撈
起瀝乾油分。

2 先用1大匙油
以中小火爆香
蔥絲、薑絲及
辣椒絲,再加
入調味料B及
1/2杯水,以
大火煮均勻。

3 加入炸好的鯛
魚下巴,讓醬
汁均勻沾裹在
魚身。

4 翻面,讓另一
面沾勻醬汁。

5 再用大火煮至
湯汁微乾即可
起鍋。

避風塘鮮魚

總份量 **4**人份

店販價 **150**元

材料

鯛魚250公克、豆酥10公克、蒜頭酥30公克
辣椒花10公克、蔥花10公克

調味料

A 米酒1小匙、鹽1/4小匙、胡椒鹽1/4小匙
B 太白粉50公克
C 胡椒鹽1大匙

事前準備

 ▶  ▶  ▶

鯛魚▷切塊▷醃漬▷裹粉
鯛魚切成塊狀，放入大碗中，加入所有調味料A抓拌均勻，
醃漬3分鐘，再裹上太白粉，靜置到反潮。

★烹調開始

1 起油鍋，將油溫加熱升高至170℃，放入裹粉的魚塊，以大火炸至外觀微黃，撈起瀝乾。

2 原油鍋以大火加熱至180℃，放入魚塊再炸第二次，炸約30秒至外表酥脆金黃色，撈起瀝乾。

美味Point
● 魚塊下鍋油炸前，可加入1大匙冷油抓勻，可避免魚塊下鍋時沾黏成一團。
● 這道料理也可改用螃蟹、透抽、蝦或田雞來做。

3 鍋中倒入1大匙油燒熱，放入豆酥，以小火炒至起泡。

4 加入辣椒花和蔥花以小火炒出香味，再放入炸好的魚轉大火炒勻。

5 最後撒上胡椒鹽及蒜頭酥翻炒均勻即可。

丁香花生

總份量
4人份

店販價
140元

材料

新鮮丁香魚150公克
油炸花生50公克
蔥末3支量(30公克)
薑末1大匙、蒜末1大匙
辣椒片2支量(約30公克)

調味料

醬油1大匙、二砂糖1/2大匙
米酒2大匙、香油1/2大匙
烏醋1大匙

★烹調開始

I 丁香魚放入油鍋中,以160℃油溫炸至酥脆浮起後,撈起瀝乾油分。

2 讓油溫再加熱升至160℃,再放入作法1丁香魚炸第2次,撈起瀝乾油分。

美味
Point

● 丁香花生約可冷藏保存1星期。

● 丁香魚要炸2次較酥脆,如炸的不夠酥,拌炒醬汁就會反潮不酥脆。要炸酥但不炸焦,油溫的控制是重點,一定要隨時注意火候。建議油溫160～180℃,但需視魚乾的含水量做適度調整。

● 調味料煮得太稀的話魚乾與花生會變軟、口感變差,太濃則不易攪拌均勻,會略帶苦味。煮時加烏醋可去腥增甜味。

3 炒鍋中倒入1大匙油燒熱,放入薑末和蒜末、辣椒片、一半的蔥末,用中火拌炒爆香。

4 然後再依序放入調味料,用中小火拌煮至濃稠。

5 放入炸好的小魚乾及油炸花生拌炒均勻,再加入剩餘的蔥末,以中火快速翻炒均勻即可。

鹹酥蝦

總份量
4人份

店販價
160元

材料

白蝦250公克、蔥末30公克
薑末1大匙、蒜末1大匙
辣椒末1大匙

調味料

米酒1小匙、鹽1/2大匙
雞粉1小匙、胡椒粉1/2大匙

事前準備

白蝦
▷剪鬚腳▷挑腸泥
白蝦洗淨後，剪去
眼睛和鬚腳，再挑
除腸泥(詳細處理方
法請參見p.17)。

美味 Point

● 溪蝦現在數量變少、不易捕捉，
較難買到，建議用白蝦或劍蝦取
代來做這道料理。
● 蝦因眼睛有水易油爆，所以要剪
除眼睛部分。
● 炸時不要沾乾粉，會不好吃且容
易受潮回軟，就不容易炸酥。
● 放入蝦炸時，油水分離會發出宏
亮嗤嗤聲，表示水分多，如變小
聲表示水分已消失。

★ 烹調開始

白蝦放入180℃
油鍋中油炸至酥
脆，撈起瀝乾油
分。

再加熱升高油溫
至180℃，放入
白蝦炸第二次，
撈起瀝乾油分。

炒鍋中倒入1大匙油燒
熱，放入薑末、蒜末、
辣椒末及一半量的蔥末
用中小火爆香，再熗入
米酒拌勻。

放入炸好的白蝦
及剩餘蔥末、其
餘調味料，快速
拌炒均勻即可。

泡菜蝦球

總份量
6人份

店販價
200元

材料

蝦仁200公克、台式泡菜80公克、乾辣椒段10公克
蒜末1大匙、蔥段1/2支量(約15公克)

調味料

A 鹽1/2小匙、太白粉1大匙
B 蛋白1/2個、地瓜粉4大匙
C 醬油1小匙、糖1大匙、蕃茄醬2大匙
　白醋1大匙、水2大匙
D 香油1大匙

事前準備

蝦仁 ▷ 剖背去腸泥 ▷ 醃製
蝦仁剖背、挑去腸泥,加調味料A醃製
3分鐘。

美味 Point
● 為保持泡菜脆嫩口感,不可在鍋中烹調太久,起鍋前泡菜再加入拌炒,若太早放入炒太久會更酸也會不脆。
● 可換成牛肉片或雙脆(花枝+魷魚)來炒。

★ 烹調開始

1 將醃好的蝦仁再加入蛋白拌勻。

2 再均勻沾上地瓜粉。

3 油鍋加熱至油溫160℃後,放入作法2的蝦仁炸熟至浮起,取出瀝乾油分。

4 鍋內放入1大匙油以中小火燒熱,炒香乾辣椒段、蒜末及蔥段。

5 再加入調味料C,以中火燒煮開。

6 加入炸好的蝦仁拌炒上色,再放入泡菜快速拌炒均勻,最後淋上香油略拌即成。

宮保蝦仁

總份量 **3**人份

店販價 **160**元

材料

蝦仁200公克、花生2大匙、乾辣椒片10公克
蒜末1大匙、薑末1小匙、蔥末1/2支量

調味料

A 鹽1/2小匙、太白粉1小匙
B 蛋白1/2個、地瓜粉3大匙
C 醬油2大匙、糖1大匙、蕃茄醬1大匙
　 白醋1小匙、水1大匙
D 香油1小匙

事前準備

 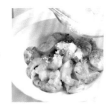

蝦仁▷剖背去腸泥▷醃製
蝦仁剖背、挑去腸泥，加調味料A醃製
3分鐘。

美味Point
● 草蝦仁越大越貴，小的1斤約100～200元，大的1
斤則高達800元。
● 炸時要讓食材吃到油，油溫如不夠高，上漿時粉
易散掉。漿粉要變透明沒有白色才是最佳狀態。
● 沾地瓜粉口感酥脆，沾太白粉口感較細緻。
● 沾蛋白太多易太濕，地瓜粉會糊掉，不會有酥脆
感。

★烹調開始

1 醃好的蝦仁加入蛋白拌勻。

2 再均勻沾上地瓜粉。

3 將油鍋加熱至油溫為160～180℃，放入作法2的蝦仁炸至浮起，外表金黃酥脆，取出瀝乾油分備用。

4 鍋內放入1/2大匙油燒熱，用中小火炒香乾辣椒片、蒜末及薑末。

5 加入調味料C及炸好蝦仁，拌炒至均勻上色。

6 加入花生炒約1分鐘，淋上香油，再撒上蔥末炒均勻即成。

清蒸活蝦

總份量
4人份

店販價
180元

材料

白蝦300公克、蔥段15公克
薑片20公克

調味料

米酒2大匙

沾醬

A 芥末適量
B 醬油膏1小匙、蒜末1小匙
糖1/2小匙、冷開水1小匙
香油適量

事前準備

 ▶ 　　

白蝦▷剪鬚腳▷挑腸泥
白蝦洗淨後，剪去眼睛和鬚腳，再挑
除腸泥(詳細處理方法請參見p.17)。

沾醬材料B▷拌勻
沾醬材料B放入碗中，
拌勻成蒜蓉醬油。

美味 Point

● 也可使用汆燙方式，將
蔥、薑、米酒放入滾水
中，放入白蝦燙約2～
3分鐘，燙至蝦變色即
可。

● 活蝦會跳躍不用剪鬚，
冷凍白蝦才要剪鬚腳，
可方便食用。

● 也可使用活沙蝦，但價
格較高，一斤約480～
520元。

● 蒸好的蝦子可排成圓環
狀，將蔥段、薑片整理
放中間盛盤比較美觀。

★烹調開始

將白蝦、蔥段
和薑片放入大
碗中，倒入米
酒拌勻。

蒸籠鋪上鋁箔
紙，放上作法
1，放入蒸鍋
中用大火蒸熟
(約4分鐘)，
食用時搭配芥
末與蒜蓉醬油
即可。

142

鮮蝦粉絲煲

總份量
4人份

店販價
180元

材料

白蝦12隻、冬粉1卷、蒜末10公克
蔥段10公克、香菜段5公克

調味料

A 沙茶醬2大匙、蠔油2大匙
　雞粉1大匙、糖1小匙
　胡椒粉1小匙、水200cc
B 香油1大匙、米酒1大匙

事前準備

  ▶  ▶

冬粉 ▷ 泡水軟化
將冬粉放入大碗
中，倒入淹過冬
粉的水，浸泡直
到軟化。

白蝦 ▷ 剪鬚腳 ▷ 去腸泥
用剪刀剪去頭部的尖端及蝦腳，從背
部劃一刀，用牙籤挑出腸泥。

> 美味 Point
> 這道菜的油要多一點會比較好
> 吃，而且冬粉會吃油，才不會
> 太乾。

★烹調開始

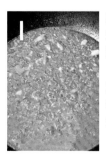
鍋中倒入2大匙
油燒熱，放入
蒜末和蔥段以
中小火爆香，
加入所有調味
料A，轉大火
煮至滾。

放入冬粉及白蝦，
續以大火燒至湯汁
收乾(過程需邊煮
邊拌)，淋上香油
拌勻，倒入已燒熱
砂鍋中，沿著鍋邊
淋上酒，撒上香菜
即可。

紅燒筋參

總份量
4人份

店販價
180元

材 料

發好海參100公克、發好豬腳筋100公克
紅蘿蔔30公克、竹筍30公克、甜豆6根
蒜末1大匙、辣椒末1大匙
蔥段1/2支量(約15公克)、薑片6片

調 味 料

A　蠔油2大匙、糖1大匙、米酒2大匙、水1杯
B　太白粉水2/3大匙
C　香油1大匙

事 前 準 備

發好海參▷切長條塊
發好海參斜切成長條
塊。

紅蘿蔔▷切片
紅蘿蔔削去外皮
後再切薄片。

竹筍▷切片
竹筍對切再切片。

甜豆▷撕除粗纖維
甜豆去頭尾，撕除
莢邊粗纖維。

美味 Point

● 海參、豬腳筋在傳統市
場或大賣場皆有販賣發
好的成品。
● 如用砂鍋，勾芡不能勾
太濃，會糊掉巴鍋。
● 勾芡的太白粉水，粉與
水的比例為1：2或1：3
皆可，稠度可視鍋中湯
汁收乾狀態自行調整。

★ 烹 調 開 始

1 紅蘿蔔片、甜
豆及竹筍片放
入滾水中汆燙
至熟，取出瀝
乾備用。

2 原鍋中再放入
海參塊和豬腳
筋汆燙至熟，
取出瀝乾。

3 鍋內放入1大
匙油燒熱，用
中小火炒香蔥
段、薑片、蒜
末和辣椒末。

放入作法2的
海參、豬腳筋
及調味料A，
以大火燒煮2
分鐘。

加入太白粉水
勾芡拌均勻。

再加入作法1
的蔬菜煮滾，
加入香油略拌
即成。

XO醬炒蟹肉

總份量 **4**人份

店販價 **120**元

材料
蟹管肉200公克、青椒30公克、紅甜椒30公克
黃甜椒30公克、蒜片10公克、蔥段10公克

調味料
A 太白粉60公克
B XO醬2大匙、米酒1大匙

事前準備

青椒 ▷ 切菱形
青椒去籽,先切成2cm寬條,再斜切成菱形狀。

紅甜椒、黃甜椒 ▷ 切菱形
紅甜椒及黃甜椒先切成2cm寬條,再斜切成菱形狀。

美味 Point

● 蟹管肉汆燙好要馬上沾裹太白粉,不然很容易出水。
● 蟹管肉也可以換成里肌肉,但煮之前要醃過,用醬油1小匙、糖1/2小匙、米酒1大匙、胡椒粉1/4小匙混合均勻,醃5分鐘即可。

★ 烹調開始

1 蟹管肉放入滾水中,轉小火煮30秒後,撈起瀝乾。

2 作法1的蟹管肉均勻沾上太白粉。

3 起油鍋,加熱至油溫升高到180℃,放入沾好粉的蟹管肉,以大火炸至浮起,撈出瀝乾。

4 炒鍋中倒入1大匙油燒熱,放入蒜片及蔥段,以中小火爆香,再加入XO醬和酒,轉大火炒香。

5 加入炸好的蟹管肉炒勻,再放入三色椒拌炒均勻即可。

芙蓉炒蟹

總份量
4人份

店販價
時價

材 料

花蟹1隻、蛋2個、黑木耳30公克、紅蘿蔔30公克
青椒30公克、蒜末10公克、蔥段10公克

調味料

A 太白粉50公克、太白粉水2小匙
B 水200cc、鹽1小匙、雞粉1大匙
　胡椒粉1/4小匙、米酒1大匙
C 香油1大匙

事前準備

花蟹▷切塊
螃蟹先橫切二刀，再從中間剖開，用刀背拍碎蟹腳後，全部
洗淨瀝乾(詳細處理方法請參見p.18)。

蛋▷打散
蛋打入容器中，
加2小匙太白粉
水攪拌均勻。

**黑木耳、紅蘿蔔
▷切絲**
黑木耳去蒂頭、
切絲；紅蘿蔔去
皮、切絲。

青椒▷切絲
青椒對半切開，
去籽、切絲。

美味 Point

● 螃蟹沾太白粉即可馬上
　放入油炸，若等到反潮
　再放入，粉就會太厚，
　影響口感。
● 蛋液中加入太白粉水，
　炒起來的蛋會成型較漂
　亮。

★烹調開始

起油鍋，加熱
至油溫升高到
170℃，放入
沾好太白粉的
花蟹，以大火
炸約2分鐘，
撈起瀝乾。

鍋中倒入2大
匙油燒熱，倒
入蛋液後筷子
不斷攪拌，以
大火炒至凝固
即可盛出。

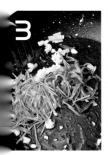

3 原鍋中倒入1大匙油，放入蒜末及蔥段以中小火爆香，放入黑木耳和紅蘿蔔，轉大火炒拌均勻。

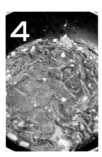

4 加入所有調味料B續以大火煮至滾。

5 放入炸好的花蟹、青椒和炒蛋炒拌均勻，淋上香油，再次拌勻即可。

蟹黃豆腐煲

總份量 **4**人份

店販價 **120**元

材料

A 嫩豆腐1盒、蟹腿肉50公克、海參50公克
　蝦仁50公克、花枝50公克、芹菜20公克

B 紅蘿蔔200公克、鹹蛋黃1個
　開陽(蝦米)15公克、薑末15公克

調味料

A 水250cc、鹽1小匙、雞粉1大匙
　糖1小匙、米酒1大匙

B 太白粉水3大匙

事前準備

紅蘿蔔▷取紅蘿蔔泥
用鐵湯匙刮下紅蘿蔔泥。

鹹蛋黃▷壓細末
以120℃烤2分鐘，取出用刀背壓碎，再切成細末。

嫩豆腐▷切小塊
取出嫩豆腐，先縱切條，再切成小塊。

海參▷切小塊
海參切小塊。

蝦仁▷去腸泥
蝦仁背部劃刀、去腸泥。

花枝▷切梳形片
花枝的內面切斜紋，再切垂直斜紋，都不切斷，再切成塊。

芹菜、開陽▷切末
芹菜切末；開陽切末。

★烹調開始

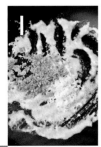

1　鍋中倒入少許油燒熱，放入鹹蛋黃，以小火炒至起泡，放入薑末和開陽，以中火炒香。

2　倒入1碗油及紅蘿蔔泥，以小火炒至油的顏色變橘紅色(過程需不斷攪拌)，約15分鐘，熄火撈出備用。

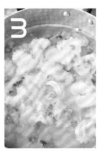

3　將豆腐放入滾水中汆燙，撈出；再放入蟹腿肉、海參、蝦仁及花枝汆燙，撈出。

鍋中加入水煮滾，放入作法2的蟹黃及其餘調味料A，以大火煮滾，再加入所有燙過的海鮮和豆腐煮滾。

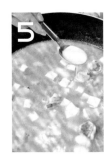
加入太白粉水勾芡拌勻，盛盤撒上芹菜末即可。

● 平價快炒店的蟹黃是以紅蘿蔔泥做成，雖然較費工，但可以省成本，而且會比較散，煮的過程才不會糾結在一起。記得煮蟹黃的過程要不斷攪拌，以免黏鍋。

● 鹹鴨蛋烤過可以逼油，讓香氣散發出來。

咖哩海鮮煲

總份量 **4**人份

店販價 **180**元

材料

蛤蜊6粒、白蝦6隻、花枝70公克、雞腿肉70公克
馬鈴薯100公克、草菇100公克

調味料

咖哩粉1大匙、辛口咖哩塊2塊、水500cc
雞粉1/2小匙、鹽1/4小匙、糖1/4小匙
椰漿3大匙、太白粉水2大匙

事前準備

蛤蜊 ▷ 吐沙
蛤蜊洗淨放入大碗中，倒入淹過蛤蜊
的水，加1小匙鹽(份量外)，靜置約2小
時吐沙。

白蝦 ▷ 剪鬚腳 ▷ 去腸泥
用剪刀剪去頭部的尖端及蝦腳，從背
部剪開，再用牙籤挑出腸泥。

花枝 ▷ 切梳形片
在花枝內面切斜紋，再切垂直斜紋，
都不切斷，再切成大塊。

雞腿肉 ▷ 切塊
雞腿肉切成小塊狀。

**馬鈴薯、草菇
▷ 切塊**
馬鈴薯切小塊；
草菇對切。

★ 烹調開始

1 馬鈴薯放入滾
水中，以中火
煮5分鐘，再
放入草菇汆燙
30秒，全部
撈起。

2 原鍋續放入花
枝和白蝦，汆
燙30秒後撈起
瀝乾。

3 鍋中倒入2大匙油燒熱,放入雞腿肉,以中火拌炒至半熟,加入咖哩粉及咖哩塊炒至香味出來。

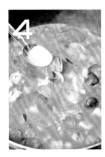

4 加入水、雞粉、鹽、糖及所有材料,轉大火煮約1分30秒,倒入椰漿拌煮均勻,再加入太白粉水勾芡,倒入燒熱砂鍋中即可。

美味 Point

煮好後盛裝入已預先燒熱的砂鍋中,咖哩海鮮煲的調味料會續煮到微焦化,可增加香氣。

炒蟹腳

總份量
4人份

店販價
140元

材料

蟹腳300公克、蒜頭5瓣
蔥段50公克、薑絲30公克
辣椒片30公克、九層塔50公克

調味料

A 米酒3大匙、醬油2大匙
　　烏醋1大匙、糖1大匙
B 米酒1大匙、香油1大匙

事前準備

**蟹腳▷用刀背
略壓碎**
蟹腳洗淨，用
刀背略微壓碎
壓出裂紋。

蒜頭▷壓碎
蒜頭切去頭尾，
以刀背壓碎。

美味Point
● 可在作法2時加入少許
　水，蓋上鍋蓋燜煮，
　熟度會較均勻，但是
　以乾火炒的蟹腳肉口
　感會比較韌實。
● 作法3如用快速爐炒，
　則約3分鐘即可。

★烹調開始

鍋中放入2大匙油
燒熱，用中小火先
爆香蔥段、薑絲、
蒜頭碎及辣椒片。

再放入蟹腳拌炒
一下。

熗入調味料**A**的
米酒，再加入醬
油、烏醋和糖，
用中火炒約4～5
分鐘。

再加入調味料**B**
的米酒，放入九
層塔拌炒均勻，
最後淋上香油即
可。

快炒蔬菜
蛋豆腐

平凡常見的蔬菜、家家必備的蛋和豆腐，
如何炒出一盤金牌大廚的美味？
簡單食材帶出真功夫，
跟著我們詳細的作法一步接一步，
發現作菜的樂趣，
上桌佳餚讓你成就滿滿，
每一口都是心滿意足。

椒麻皮蛋

總份量 **4**人份

店販價 **100**元

材料

皮蛋4個、蒜花生30公克、蒜末10公克
辣椒花10公克、蔥花10公克、香菜段10公克

調味料

A 太白粉50公克
B 醬油膏2大匙、水2大匙、糖1大匙
  花椒粉1/4小匙、辣椒粉1/2小匙、香油1小匙
  辣油1小匙、白醋1小匙

事前準備

皮蛋 ▷ 煮熟 ▷ 切塊 ▷ 裹粉
皮蛋放入滾水中，以中火煮15分鐘，用手輕壓滾動使其產生
裂痕後去殼，切成6小瓣，沾裹上太白粉備用。

蒜花生 ▷ 壓碎
蒜花生用刀背壓碎。

★ 烹調開始

1 起油鍋，加熱油溫至180℃，放入沾好粉的皮蛋以大火炸到浮起，撈出，續加熱至180℃，二次回炸約30秒即可。

2 鍋中倒入1大匙油燒熱，放入蒜末、辣椒花及蔥花，以中小火爆香，再放入所有調味料B，轉大火炒出香味。

3 放入炸過的皮蛋炒勻。

4 撒上香菜段、蒜花生再次炒勻即可。

美味 Point
- 皮蛋炸之前一定要煮熟，這樣可固定蛋黃，形成一層保護膜，才不會因油炸而變形，或產生油爆。
- 皮蛋炸至浮起，即表示沒有水分，就是熟了。
- 也可將皮蛋換成杏鮑菇來做這道料理。

鹹蛋苦瓜

總份量 **4**人份

店販價 **100**元

材料

苦瓜200公克、鹹蛋2個、蔥末1大匙、薑末1大匙

調味料

鹽1小匙、糖1/2小匙、雞粉1小匙、胡椒粉1小匙

事前準備

苦瓜 ▷ 對切 ▷ 去籽 ▷ 切長斜片
苦瓜對切,挖除中間籽去乾淨,再對切成長斜片狀。

鹹蛋 ▷ 剝殼 ▷ 切粗碎
鹹蛋剝除蛋殼,用刀切粗碎狀。

★ 烹調開始

1 將苦瓜片放入160℃油鍋中油炸至浮起,撈起瀝乾油分。

2 鍋內放入1大匙油燒熱,用中小火爆香蔥末和薑末,再加入鹹蛋碎用中火拌炒。

3 炒至鍋邊起泡沫狀。

4 此時放入苦瓜片及所有調味料,快速的拌炒均勻(約10秒)即可。

美味 Point
- 苦瓜的囊籽去除得愈乾淨愈不苦。
- 烹調此道菜時動作一定要快,如果動作太慢,會將苦瓜的苦澀味逼出,且鹹蛋亦會吃許多油,等到整道菜完成時就會既油又苦。
- 此道菜為潮洲菜,有兩種作法,上述烹調方式的視覺效果較好,另一種作法是將鹽的部分改為醬油,但賣相較不討喜。

炒劍筍

總份量
4人份

店販價
140元

材料

劍筍300公克、蒜末1大匙

調味料

A 粗豆醬1大匙、醬油膏1大匙
　糖1大匙
B 大骨高湯1/2杯(見p.23)

事前準備

劍筍▷汆燙
劍筍放入鍋中汆燙，
取出瀝乾水分。

美味 Point
● 真空包的劍筍會有股味道，可以放入滾水
　中煮3分鐘，或是用冷水泡30分鐘去除。
● 加糖炒要略煮至糖融化，有些許香味，再
　加入高湯。

★烹調開始

1 鍋內放入2大匙
油燒熱，用中小
火爆香蒜末。

2 放入調味料A煮
至糖融化，再加
入高湯煮至醬汁
濃稠。

3 放入瀝乾後的劍
筍，用中火拌炒
均勻。

4 煮至劍筍均勻沾
裹醬汁，且醬汁
收乾即可。

味噌炒鮮筍

總份量
4人份

店販價
100元

材料

真空沙拉筍300公克、雞肉70公克
鮮香菇1又1/2朵、辣椒花10公克
蔥段30公克

調味料

A 細味噌2大匙
　粗味噌(黃豆醬)1大匙
　水150cc、糖1大匙、米酒1大匙
B 太白粉水1小匙

事前準備

沙拉筍▷切條
沙拉筍切成1cm
的條狀。

雞肉▷切條
雞肉切成寬1cm
條狀。

香菇▷切厚片
香菇去蒂頭，切
厚片。

美味 Point

粗味噌即所謂
的黃豆醬，這
道菜用2種味噌
搭配，口感及
味道會有不同
的層次。

★烹調開始

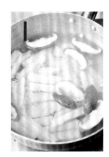

沙拉筍、香菇放
入滾水中，以大
火煮2分鐘，撈
起瀝乾備用。

2 鍋中倒入1大匙油燒熱，放入辣椒
花及蔥段，以中小火爆香。放入雞
肉，轉中火炒至變色。加入細味
噌、粗味噌拌炒均勻。

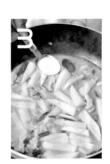

3 加入水、糖及米酒，以大火
煮滾，放入沙拉筍和香菇，
煮至水分剩一半，加太白粉
水勾芡拌勻即可。

竹筍炒蛋酥

總份量
4人份

店販價
100元

材料

真空沙拉筍300公克、紅蘿蔔30公克
四季豆30公克、蛋1個、蒜末10公克、蔥段10公克

調味料

A 太白粉水1小匙
B 水100cc、鹽1小匙、雞粉1小匙、胡椒粉1/4小匙
C 香油1小匙

事前準備

蛋▷打散
蛋打入容器中，加入調味料A攪拌均勻。

沙拉筍▷切條
沙拉筍切粗條。

紅蘿蔔▷切條
紅蘿蔔去皮、切長條狀。

四季豆▷切段
四季豆去兩側莢膜，切成4cm長段。

★烹調開始

1 沙拉筍和紅蘿蔔放入滾水中，以大火煮3分鐘，再放入四季豆汆燙，全部一起撈出備用。

2 鍋中倒入150cc油，以中火加熱至油溫升高到160℃，倒入蛋液，以大火炸至金黃色(過程需不斷攪拌)，撈出備用。

3

原鍋中留1大匙油，放入蒜末和蔥段，以中小火爆香，放入所有調味料B，以大火煮至滾。

4

加入沙拉筍、紅蘿蔔及四季豆，續以大火煮至湯汁收乾。

5

放入蛋酥，再次炒勻，起鍋前淋上香油即可。

美味 Point

● 一般炸蛋酥會用到大量的油，其實只要溫度夠，用少量的油也可以做到，做的過程必須不斷攪拌，拌到變成酥黃色，並愈乾愈好吃。

● 也可將竹筍改換成馬鈴薯來做這道料理。

鹹蛋茭白筍

總份量
4人份

店販價
100元

材料

茭白筍350公克、鹹蛋1/2個
蒜末10公克、辣椒花10公克
蔥花10公克

調味料

水100cc、鹽1/4小匙
雞粉1/2小匙、米酒1大匙

事前準備

茭白筍▷去老皮▷切片
茭白筍剝皮,切去老皮,切斜薄片。

鹹蛋▷切末
鹹蛋去殼、切末。

美味 Point
鹹蛋末要先小火炒至冒泡,一來可以去除蛋腥味讓香味更明顯,二來和其他材料拌炒時才能沾裹均勻,菜相也漂亮。

★ 烹調開始

茭白筍放入滾水中,以大火煮約2分鐘,撈起瀝乾水分。

鍋中倒入2大匙油燒熱,放入鹹蛋末,以小火炒至起泡。

加入蒜末及辣椒花以中小火炒出香味後,再加入所有調味料及茭白筍,轉大火燒1分鐘。

加入蔥花,炒到湯汁收乾即可。

酥炸豆腐

總份量
4人份

店販價
80元

材料

板豆腐2塊(約240公克)
蒜末1大匙、蔥末1大匙

調味料

A 太白粉3大匙
B 糖2大匙、醬油1大匙
　醬油膏1大匙

事前準備

 ▶  ▶

美味 Point

豆腐炸2次，可使外表口感更酥脆飄香，內部則仍保持柔嫩可口的狀態。

板豆腐▷擦乾▷切塊▷裹粉
板豆腐洗淨，用紙巾擦拭去除水分，每塊再切成6小塊，均勻沾裹太白粉。

★ 烹調開始

蒜末、蔥末及調味料B拌勻成沾醬。

油鍋燒熱至油溫170℃，放入豆腐炸至外表呈金黃色。

用鍋鏟輕輕碰觸豆腐，當表皮變硬即可取出瀝乾油分。

油鍋續燒至170℃，放入作法3的豆腐回炸至外表酥脆金黃，撈出瀝乾油分，搭配沾醬食用即可。

紅燒豆腐

總份量
4人份

店販價
100元

材料

板豆腐2塊(約160公克)、紅蘿蔔20公克
黑木耳40公克、豬肉50公克、蔥段2支量(約30公克)

調味料

A 大骨高湯1又1/2杯(見p.23)
　 醬油膏3大匙、糖1大匙
B 太白粉1大匙、水2大匙
C 香油1/2大匙

事前準備

板豆腐▷切三角片
豆腐從中間橫向片開成兩片,再對切
成斜三角片狀。

黑木耳▷切片
黑木耳切去蒂頭
後切小片。

紅蘿蔔▷切片
紅蘿蔔削除外皮
後再切成0.3cm
片狀。

豬肉▷切片
豬肉切薄片。

調味料B▷拌勻
調味料B拌勻為
太白粉水。

美味 Point

● 豆腐也可使用三角形或
四方形的油炸豆腐,省
去自己油炸的功夫。
● 蔬菜可自行配色,如使
用菇類、根莖類或豌豆
莢、筍片等取代紅蘿蔔
及黑木耳。
● 勾芡的太白粉水,粉與
水的比例為1:2或1:
3皆可,濃稠度可視鍋
中湯汁收乾狀態自行調
整。

★烹調開始

1 豆腐放入油鍋
中,用160〜
180℃油溫炸
至微黃,撈起
瀝乾油分。

2 鍋內放入2大
匙油,用中小
火先爆香蔥段
及豬肉片,再
加入高湯以大
火煮開。

3 然後放入黑木耳片、紅蘿蔔片及豆腐片拌勻，再加入醬油膏和糖，以大火煮約3分鐘，煮至豆腐入味。

4 最後用太白粉水芶芡，再滴入香油即可。

培根燒蛋豆腐

總份量 **4** 人份

店販價 **100** 元

材料

培根100公克、蛋豆腐1盒、黑木耳30公克
紅蘿蔔30公克、四季豆30公克、蒜片10公克
蔥段10公克

調味料

A 蠔油2大匙、糖1大匙、米酒1大匙
　胡椒粉1/4小匙、水200cc
B 太白粉水1大匙

事前準備

培根▷切片
培根切3cm大片狀。

蛋豆腐▷切大塊
蛋豆腐取出，切成12大塊。

黑木耳▷切塊
黑木耳切小塊。

紅蘿蔔▷切片
紅蘿蔔去皮、切薄片。

四季豆▷切半
四季豆去兩側莢膜，切半。

美味 Point

● 豆腐要炸至定型後，才可以翻動，不然豆腐會破掉，炸的過程要略微攪拌，才會上色均勻。
● 培根也可以換成客家鹹豬肉，烹調方式都相同。

★烹調開始

1 起油鍋，加熱至油溫升高到180℃，放入蛋豆腐，以大火炸至外觀金黃色，撈起瀝乾油分。

2 鍋中倒入1大匙油燒熱，放入蒜片、蔥段及培根，以中小火爆香。

放入所有調味料**A**，以大火煮至滾後，再加入炸好的蛋豆腐、黑木耳和紅蘿蔔。

續以大火煮到醬汁剩一半，放入四季豆拌炒均勻，最後加入太白粉水勾芡即可。

小魚臭豆腐

總份量
4人份

店販價
120元

材料

臭豆腐3塊、酸菜30公克
小魚乾20公克、開陽(蝦米)20公克
乾香菇4朵、香菜葉2公克

調味料

辣豆瓣醬2大匙、市售麻辣醬1大匙
水1200cc、辣油1大匙
糖1大匙、雞粉1小匙
鹽1小匙、米酒1大匙

事前準備

乾香菇▷切絲
乾香菇用水泡發
後,切去蒂頭後
切絲。

酸菜▷切絲
酸菜切絲。

美味 Point
- 臭豆腐汆燙可以去異味。煮臭豆腐的過程有加酒,可使臭豆腐入味較快。
- 這道的辣味可視個人喜好調整。

★烹調開始

1 臭豆腐放入滾水中汆燙,撈起瀝乾。

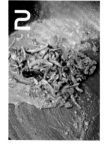

2 鍋中倒入1大匙油,放入小魚乾、開陽及乾香菇,以小火爆香,加入辣豆瓣醬和麻辣醬炒至香味出現。

3 加入水、酸菜、臭豆腐及其餘調味料,蓋上鍋蓋以小火燜煮約30分鐘至臭豆腐入味,放入小砂鍋中,放上香菜即可。

酥炸香菇

總份量
4人份

店販價
100元

材料

新鮮香菇200公克(約18朵)
九層塔10公克

調味料

A 脆酥粉1/2杯、水1/3杯
　 蛋1/2個
B 鹽少許、胡椒粉1小匙
　 雞粉1/2小匙

事前準備

香菇▷刻花
新鮮香菇用刀在
菇傘上劃米字刀
痕成刻花。

**調味料A
▷調成粉漿**
調味料A放入碗
中混合調勻成粉
漿。

調味料B▷拌勻
調味料B拌勻成
胡椒鹽。

美味 Point

● 粉漿調好放冰箱冷藏可放
　一天，使用時不要靠近熱
　源，易變質。
● 須注意不要炸太久，因香
　菇會生水跑出溼氣變軟，
　造成口感不酥脆。
● 若是開店需以低價做銷售
　時，這是道很討喜的菜，
　因香菇裹粉漿酥炸可增加
　體積，且香菇價格較其他
　菇類成本低。

★烹調開始

將香菇菇傘沾
滿粉漿，逐一
分散放入油鍋
中，用160℃
油溫炸酥，約
2～3分鐘，
撈起瀝乾油分
後裝盤。

再將九層塔炸
酥，撈起瀝油
後擺在盤邊，
並搭配胡椒鹽
食用即可。

金沙鮮菇

總份量
4人份

店販價
120元

材料

杏鮑菇3朵(約80公克)、鮮香菇3朵(約30公克)
生鹹蛋黃4個

調味料

A 脆酥粉1/2杯、水1/3杯、蛋1/2個
B 雞粉1小匙、糖1大匙、胡椒粉1小匙

事前準備

杏鮑菇▷切滾刀塊
杏鮑菇切滾刀塊。

鮮香菇▷去蒂▷切小塊
鮮香菇蒂頭用手扭轉脫落,每朵切成4
小塊。

調味料A▷拌勻
調味料A混合拌
勻成麵衣。

美味 Point

● 此道煮起來,香菇像裹
著一層海邊的細沙,所
以稱為金沙鮮菇。

● 生鹹蛋黃即冷凍新鮮鴨
蛋黃,因油脂含量高,
油炸時要逼油(讓水分
去除),以免吃進去高
油脂。

● 炒鹹蛋黃須注意,炒至
鍋邊有小泡沫狀後(須
注意鍋中仍帶有滑動的
感覺),要快速放入菇
類,以免鹹蛋黃乾硬而
無法沾上菇塊表面。

★烹調開始

杏鮑菇塊及香菇
塊放入麵衣中上
漿,使每塊均勻
沾裹麵衣。

油鍋加熱至150～160℃
油溫,放入作法1的杏鮑
菇塊、香菇塊炸至熟後浮
起,撈出瀝乾油分。

原油鍋再加熱至
160℃,放入生
鹹蛋黃。

用大火炸至略白後,
用鍋鏟切對半,提高
溫度至170℃逼油,
再取出瀝乾油分。

  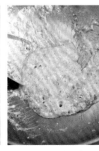 

鍋內放入2大匙油，用小火邊炒鹹蛋黃邊用鍋鏟背壓碎成泥狀，再加入調味料**B**拌炒均勻，炒至鍋邊有小泡沫狀。

倒入炸好的杏鮑菇和香菇塊，迅速攪拌使表面均勻包覆鹹蛋黃即可。

鹽酥杏鮑菇

總份量
4人份

店販價
100元

材料

杏鮑菇250公克、蒜頭酥15公克
蒜花生30公克、辣椒花10公克
蔥花10公克

調味料

胡椒鹽1小匙

事前準備

杏鮑菇▷切塊
杏鮑菇切滾刀塊。

★烹調開始

起油鍋,加熱至油溫升
高到180℃,放入杏鮑
菇,以大火炸至外觀金
黃色,撈起瀝乾油。

鍋中倒入1大匙油燒熱,放入辣
椒花及蔥花,以中小火爆香,
放入炸好的杏鮑菇,撒上胡椒
鹽,轉大火翻炒均勻。

放入蒜頭酥和蒜
花生拌炒均勻即
可。

快炒
麵飯湯

基本的飽足主食也蘊含技巧喲～
以下就教你如何掌握鍋鏟，
讓炒出的炒飯有主廚的美好滋味、
煮出的麵條湯頭濃醇細膩、麵條彈牙可口，
精選出的人氣湯品每道濃淡都恰如其分喔！
來吧～粒粒分明的炒飯、精髓溶入其中的營養好湯，
趕快學起來喲～

牛肉炒麵

總份量 **2**人份

店販價 **100**元

材料

牛肉片70公克、油麵200公克、高麗菜50公克
紅蘿蔔1/3條(約20公克)、蔥段10公克

調味料

A 醬油1大匙、糖1小匙、雞粉1小匙、烏醋1小匙
B 水200cc

事前準備

高麗菜 ▷ 切粗絲
高麗菜直切粗絲。

紅蘿蔔 ▷ 切絲
紅蘿蔔先削除外皮，
切薄片後再切絲。

美味Point

● 加水後蓋上鍋蓋燜至湯汁略收乾，麵才能入味。

● 使用油麵而不用其他麵條是因為油麵是熟麵，料理時間較短，而且較不易糊掉。

● 油麵含有「鹼」，煮了會「出羹(台語)」產生黏稠感，並非用太白粉水勾芡所致；可用鍋鏟快速攪拌加速出羹，或加點水用燜煮方式至水分收乾也可以。

★ 烹調開始

1

鍋內加1大匙油燒熱後，放入牛肉片，用中火炒至牛肉變色。

2

放入蔥段及切好的高麗菜絲、紅蘿蔔絲，用中火炒至變軟。

3

放入油麵及調味料A後略拌勻，再加水200cc拌炒均勻。

4

蓋上鍋蓋，用中火燜煮1分鐘，掀蓋後快速翻炒均勻至湯汁略收乾即成。

什錦炒麵

總份量：2人份　店販價：100元

材料

油麵200公克、豬肉絲20公克
蝦2隻、蛤蜊3顆、魚板2片
雞肝15公克、洋蔥20公克
小白菜30公克

調味料

大骨高湯1/2杯(見p.23)
醬油膏2大匙、烏醋1大匙
雞粉1小匙、胡椒粉1小匙

作法

1　雞肝切片；洋蔥切絲；小
　　白菜切段。

2　鍋內放入1大匙油燒熱，
　　爆香洋蔥絲，再放入豬肉
　　絲、蝦和蛤蜊用中火炒
　　勻，加入高湯煮開，再放
　　入魚板、雞肝片、小白
　　菜、油麵與其餘調味料，
　　快速翻炒均勻至湯汁收乾
　　即可。

177

蝦仁菜脯炒飯

總份量
2人份

店販價
100元

材料

白飯2碗、白蝦70公克、三色豆30公克
菜脯粒20公克、蛋2個

調味料

醬油1大匙、白胡椒粉1/2小匙、雞粉1小匙

事前準備

白蝦▷剝蝦仁
蝦子挑除腸泥後剝除蝦殼,將蝦背處剖開不斷(詳細處理方法請參見p.17)。

蛋▷打散
蛋打入碗中檢視新鮮度,再打散拌勻。

美味 Point

● 乾的菜脯才要泡水,市售切好的濕菜脯粒不用,可直接使用。

● 要先讓油佈滿整個鍋面(滑鍋),倒入蛋液和開約7～8秒後,就要將白飯加入,這樣做蛋花會比較均勻,飯粒也較分明。

● 完美炒飯炒完後的鍋面不會有飯粒巴鍋、焦鍋,表面油亮卻無多餘油分。

● 快炒好時,飯粒會有跳躍感、發出飯香味,鍋面與飯粒接觸會發出嗶嗶聲,米飯粒粒分明,即表示成功。

● 可先將蛋與白飯炒成蛋炒飯,然後把主材料先過油或煮熟後再加入拌勻,可避免水分過多,使炒飯口感不佳。

★烹調開始

I
鍋內加水煮滾,放入蝦仁,用大火汆燙至熟變色後撈出。

2
鍋內加入1大匙油燒熱後,轉中火,倒入蛋汁,用鍋鏟底順時針或逆時針旋轉炒約7～8秒至蛋液稍凝固。

3
立即放入白飯和三色豆壓拌均勻,再加入蝦仁、菜脯粒用中火翻拌炒均勻(詳細技巧請參見p.20)。

4
最後加入調味料以大火快速翻炒至均勻上色即完成。

火腿蛋炒飯
總份量：2人份、店販價：80元

材料

火腿30公克、三色豆50公克
蛋1個、蔥1支、白飯1又1/2碗

調味料

胡椒粉1小匙、鹽1/2大匙
雞粉1小匙、醬油(或醬油膏)
1/2大匙

作法

1　火腿切丁；蔥切蔥花；蛋
　　打散成蛋液備用。

2　鍋內倒入1大匙油用中火
　　燒熱，倒入蛋液拌炒後，
　　再將火腿丁及三色豆放入
　　略炒一下，再加入白飯、
　　蔥花與調味料拌炒均勻即
　　可。

179

金瓜米粉

總份量
4人份

店販價
100元

材 料

豬肉絲70公克、南瓜100公克、洋蔥30公克
蝦米10公克、濕米粉200公克

調 味 料

A 大骨高湯1杯(見p.23)
B 醬油1大匙、雞粉1小匙、胡椒粉少許

事前準備

南瓜 ▷ 去籽 ▷ 削皮 ▷ 切絲
南瓜去頭尾，去籽後削除外皮，先橫切
3等分，切成片狀後再切絲。

洋蔥 ▷ 切絲
洋蔥切去頭尾後
再切絲。

蝦米 ▷ 泡軟
蝦米放入小碗
中，注入冷水
蓋滿蝦米，浸
泡至變軟。

濕米粉
▷ 對半剪段
將濕米粉用乾
淨剪刀對半剪
2次成小段。

★ 烹調開始

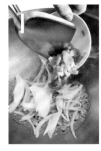

1
鍋內倒入2大匙
油燒熱，先爆香
洋蔥絲和蝦米，
再放入豬肉絲用
中火炒至變色。

2
加入南瓜絲拌炒
一下，再倒入高
湯，用中火煮至
南瓜絲變軟。

3
放入調味料B，
用中火煮開後，
再放入米粉煮至
滾。

4
用大火翻炒至收
汁，讓南瓜和米
粉融合，再拌炒
均勻即成。

> 美味 Point
> ● 使用濕米粉比較省時，乾米粉則較可保存；若使用乾米粉可用熱水浸泡5分鐘，或冷水浸泡30分鐘即可使用。
> ● 南瓜要吃油才會有光澤，煮後 β 胡蘿蔔素才會釋出融入米粉中。

延伸變化

肉絲炒米粉 總份量：4人份、店販價：80元

材料

豬肉絲30公克、洋蔥30公克
韭菜30公克、乾香菇1朵
蝦米10公克、油蔥酥1大匙
濕米粉200公克

調味料

大骨高湯1杯(見p.23)
醬油1大匙、烏醋1/2大匙
鹽1小匙、雞粉1小匙
胡椒粉少許

作法

1. 洋蔥切絲；韭菜切段；香菇泡軟後去蒂、切絲；蝦米泡軟；濕米粉剪短。
2. 鍋中倒入2大匙油燒熱，先爆香洋蔥絲、香菇絲及蝦米(瀝乾)，再加入豬肉絲用大火炒熟，然後加入油蔥酥和高湯煮開後，放入米粉、韭菜及所有調味料，快速拌炒均勻即可。

八寶辣年糕

總份量
4人份

店販價
150元

材料

寧波年糕200公克、豬後腿肉50公克
真空沙拉筍20公克、紅蘿蔔20公克、甜豆20公克
玉米粒20公克、豆干20公克、乾香菇10公克
蒜末10公克、蔥花10公克

調味料

A 辣豆瓣醬1大匙、甜麵醬1小匙、糖1大匙
　 米酒1大匙、胡椒粉1/4小匙、香菇水100cc
B 香油1小匙

事前準備

寧波年糕▷泡軟
年糕放入大碗中，倒
入蓋過年糕的水，浸
泡軟化後撈出。

乾香菇▷切丁
乾香菇用水泡發後，
去蒂頭，切1cm丁狀
(香菇水留用)。

紅蘿蔔▷切丁
紅蘿蔔去皮，再
切1cm丁狀。

豬肉、沙拉筍、甜豆、豆干▷均切丁
以上材料全切成1cm丁狀。

美味Point
● 辣豆瓣醬、
　 甜麵醬炒香
　 過顏色比較
　 亮，味道比
　 較香。
● 這道料理也
　 可改用粄條
　 來炒。

★ 烹調開始

沙拉筍、紅蘿
蔔、甜豆、玉
米粒、豆干和
香菇放入滾水
中，以大火煮
3分鐘，撈起
瀝乾。

鍋中倒入2大
匙油燒熱，
放入蒜末及蔥
花，以中小火
爆香後放入豬
肉，轉大火炒
香。

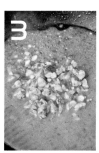

再加入調味料
A煮至滾。

然後放入作法
1煮好的食材
及年糕,以大
火拌炒至收汁
且年糕膨脹,
淋上香油即可
起鍋。

麻油蛤仔麵線

總份量
2人份

店販價
140元

材料

麵線1把(約30公克)
蛤蜊150公克、薑片4片(約5公克)
蔥花1/2支量(約5公克)

調味料

麻油1大匙、雞粉1小匙
米酒1大匙

事前準備

蛤蜊▷泡水吐沙
蛤蜊洗淨放入大碗中，
注入清水蓋過蛤蜊，浸
泡2小時使其吐沙。

美味 Point

● 麵線不宜煮太久，會糊掉，口感變不好。
● 麻油屬溫熱性，冬天進補可吃，選購時要
以聞時香味濃、無沉澱、透明度高的品質
較佳。

★烹調開始

麵線用熱水氽燙
2分鐘至熟後，
用筷子夾出，放
入盤中備用。

鍋內燒熱1大匙
麻油，放入薑片
及蛤蜊用大火炒
至蛤蜊開口。

放入300cc的水
及雞粉、米酒，
用大火煮滾即可
熄火。

淋在麵線上，撒
上蔥花即成。

蛤蜊鮮湯

總份量
4人份

店販價
100元

材料

蛤蜊300公克、薑絲30公克
蔥花10公克

調味料

A 鹽1/2大匙、雞粉1小匙
　米酒1大匙
B 香油1小匙

事前準備

蛤蜊▷泡水吐沙
蛤蜊洗淨放入大碗中，注入
清水蓋過蛤蜊，浸泡2小時
使其吐沙。

美味 Point

● 此為「以薑絲為主」的湯，薑絲的作用
　主要為去腥，適用於貝類、魚類、內臟
　類等食材。
● 煮時也可加九層塔葉，增加香氣。
● 用大火煮，蛤蜊一開飽滿時即關小火調
　味起鍋，調味料可先放湯碗內，再將湯
　用沖的方式倒入可使湯汁清澈。

★ 烹調開始

1
鍋中放入500cc
水煮開，放入蛤
蜊及薑絲。

2
開大火煮滾至蛤蜊全
開後，再轉小火，放
入調味料**A**拌勻，並
用湯匙撈除浮沫。

3
起鍋，盛入湯碗
中，加入蔥花、
香油即可。

鹹菜肚片湯

總份量
6人份

店販價
180元

材料

熟豬肚片80公克
鹹菜心20公克
紅蘿蔔1小塊(約10公克)
甜豆6支
罐頭金針菇50公克

調味料

雞粉1又1/2大匙
白醋1小匙
香油1小匙

事前準備

鹹菜心▷切片
鹹菜心用斜刀切
片。

紅蘿蔔▷切片
紅蘿蔔削除外皮
後切片狀。

甜豆
▷撕除粗纖維
將甜豆從頭尾處
折斷,撕除粗纖
維。

美味 Point
有汆燙過的食
材後續可用大
火煮,可縮短
烹調時間。

★烹調開始

1 煮一鍋滾水,放
入鹹菜心片、紅
蘿蔔片及甜豆一
起汆燙,撈出瀝
乾。

2 原鍋再放入豬肚
和金針菇汆燙後
取出,倒掉水沖
淨鍋子。

3 鍋中加入1200cc
水煮滾,放入作
法1、2的所有
食材,用大火煮
滾。

4 加入雞粉、白醋
攪拌均勻,煮滾
後即可盛入湯碗
中,淋入香油即
成。

海菜鮮蚵湯

總份量
6人份

店販價
160元

材料

澎湖海菜1盒(約150公克)
蚵仔200公克
薑1塊(約20公克)

調味料

大骨高湯1200cc(見p.23)
雞粉1又1/2大匙、鹽1/2小匙
蒜頭酥1大匙、香油1小匙

事前準備

蚵仔▷洗淨
蚵仔以清水反覆
清洗乾淨。

美味Point

● 澎湖新鮮海菜買回是冷凍
盒裝,不用清洗可直接使
用;傳統市場中賣火鍋料
或丸子等店,有賣乾燥的
海菜,需泡水半小時去砂
和雜質後才能使用。

● 將蚵仔裹粉較不易喪失水
分,保存較完整,但鮮味
會略降低;如不裹粉、鮮
味較濃,但烹調時間不宜
加熱過久,以免易喪失水
分,使蚵仔縮小。

★ 烹調開始

鍋中加水煮滾,
放入蚵仔汆燙30
秒,去除黏膜雜
質後撈出。

鍋內加入高湯、
薑絲及海菜,用
中火煮滾。

加入雞粉、鹽及
蚵仔略煮滾,起
鍋前加蒜頭酥攪
拌均勻,加入香
油即完成。

味噌魚湯

總份量
4人份

店販價
160元

材料

鮭魚60公克、豆腐1塊(約80公克)
蔥末100公克、味噌水3大匙

調味料

冰糖1/2大匙、雞粉1/2小匙

事前準備

鮭魚▷切片
鮭魚切薄片。

豆腐▷切塊
豆腐洗淨後吸乾水分，橫切一刀成兩半，再切塊。

美味 Point

- 味噌調水比例為500cc水、70公克的味噌調勻。味噌建議使用台式味噌較便宜。台味方式，味噌先以水調開再加入湯中，日式烹調方式是在水煮滾時，將味噌放在網篩篩入湯中。
- 使用冰糖煮出的湯汁味道較甘甜。
- 此為以「味噌」為主的湯，適用於魚類、蟹類等食材，等水煮滾後再加料才不會有腥味。

★烹調開始

鍋中放入500cc水煮開後，放入鮭魚片和豆腐塊。

2 以大火煮至水滾後轉小火，加入味噌水再煮滾一下。

3 加入調味料，用中火煮約3分鐘左右後熄火，撒上蔥末即可。

杏菜魩魚湯

總份量
6人份

店販價
120元

材料

魩仔魚50公克
杏菜1把(約40公克)、薑絲5公克

調味料

大骨高湯1200cc(見p.23)
雞粉1又1/2大匙、蒜頭酥1大匙
香油1小匙

事前準備

杏菜▷切段
杏菜去根部，
切4cm段。

美味 Point

● 魩仔魚勿選太白的，易含漂
　白劑。
● 蒜頭酥也可以起鍋後食用前
　再撒，以免泡太久會糊掉，
　影響口感。

★烹調開始

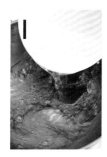

鍋中加入大骨
高湯，以大火
燒熱。

放入薑絲、杏
菜段及魩仔魚
後改用中火煮
滾。

加入雞粉、蒜
頭酥，攪拌均
勻，起鍋盛入
湯碗，加入香
油即完成。

作者簡介

柯俊年

　　M型社會下，不管你站在哪一端：社區的邊角、夜市的一角，還是學區旁、馬路邊，香噴噴的快炒店就在那。每個人都喜歡，每個人都愛吃，每個人都消費得起，也是大家喝杯小酒兼吃好料的地方。

　　把握料理祕笈，掌握出菜順序，善用食材特性，想開家快炒店，或是在家快速料理，一切都難不倒你。作菜的準備、順序、技巧等，本書圖片逐一引導你，多練習幾次，就熟能生巧，想當個料理快手，絕對不是件困難的事喲！

經歷

寫過30本以上的食譜書&報紙、雜誌、網路等專欄

擔任許多知名廠商顧問、研發，美食節目幕前教學及幕後指導

杭州電視生活頻道「做給你看」周末版主持人

浙江電視「我要惠生活」主持人

現任

古華花園飯店行政主廚

日本貝印株式會社亞洲區代言人

北京酥趣學院教學老師

義工

台北中華美食展主題展館副召集人 & 台北中華美食展明星老師教室廚藝表演

中華美食交流協會監事

黃景龍

　　隨著社會及大眾的飲食習慣影響，百元快炒也登上受歡迎的主流之一，料理之消費雖只有「百元」上下，其口味與菜色種類卻囊括了各家菜系之精華。快速、好吃、便宜——這三大要素是消費者對現代飲食的新選擇！這本食譜內容特別挑選坊間的特色快炒料理，口味獨特，作法步驟簡單明瞭，不論是廚房新手或是有經驗的你，都能輕鬆上手做出美味可口的超人氣料理喔！

學歷

國立臺灣科技大學107管理研究所EMBA

國立高雄餐旅大學中餐廚藝系

現任

台北儂來餐廳行政主廚

TJCA台灣國際年輕廚師協會(理事長)

世界中國烹飪聯合會(國際評審)

中餐烹調乙級和丙級技術士檢定(監評委員)

證照

中餐烹調乙級技術士

中餐烹調素食乙級技術士

競賽獲獎

2018榮獲臺北市政府「臺北-台菜」10大推薦餐廳

2017紐西蘭Master Chef 國際烹飪大賽(前菜金牌)

2016荷蘭第八屆中國烹飪世界大賽(冷盤金牌)、韓國WACS國際烹飪大賽(熱菜金牌)

著作

《名師名廚愛吃蛋》、《台灣小吃終極圖解版》等

溫國智

　　曾擔任知名熱炒店的行政主廚，擁有多年豐富的廚藝經驗，熱愛美食及喜愛研發創意料理，常於各大美食節目擔任示範教學，及參與許多國際性的美食比賽，並獲獎無數。

學歷

國立高雄餐旅學院中餐廚藝系

經歷

溫師傅古早味餐廳廚藝總監

桃園創新技術學院專技助理教授

嚐嚐九九連鎖餐廳行政主廚

北台灣科技學院餐飲管理系兼任技術講師

證照

中餐烹調葷食乙級技術士

中餐烹調素食乙級技術士

競賽獲獎

2014韓國國際世界廚藝烹飪競賽個人組/團體組金牌

2013第九屆國際美食養生大賽(南洋杯)(高教組)藥膳養生麵點金獎

2013第九屆國際美食養生大賽(南洋杯)(高教組)藥膳養生三項全能金獎

2012新加坡第七屆世界烹飪大賽金牌

著作

《超省錢廚房 39元出好菜》、《24節氣輕鬆補元氣》、《家常美食蒸輕鬆》等